AF366266

EMBRYOGÉNIE

DES

DENDROCŒLES D'EAU DOUCE.

EMBRYOGÉNIE

DES

DENDROCŒLES D'EAU DOUCE

PAR LE

Dʳ Paul HALLEZ

Maître de Conférences à la Faculté des Sciences de Lille.

AVEC CINQ PLANCHES DOUBLES DONT UNE COLORIÉE HORS TEXTE
ET QUINZE PHOTOGRAVURES.

> Nos erreurs dérivent de notre trop
> grande précipitation à généraliser et
> de notre ardeur à tout réduire en prin-
> cipes.
>
> DESTUTT DE TRACY.

PARIS

OCTAVE DOIN, ÉDITEUR

8, Place de l'Odéon.

1887

Extrait des Mémoires de la Société des Sciences de Lille. 4ᵉ série, t. XVI.

— 1887 —

TABLE DES MATIÈRES.

EMBRYOGÉNIE

DES

DENDROCŒLES D'EAU DOUCE

PAR LE

Dʳ Paul HALLEZ.

INTRODUCTION.

Trois mémoires seulement ont paru jusqu'à ce jour sur l'embryogénie des Dendrocœles d'eau douce : ce sont ceux de Knappert (1), de Metschnikoff (2) et d'Iijima (3).

On pourrait s'étonner du petit nombre de travaux publiés sur cette question, car les Planaires d'eau douce sont des animaux très communs partout, qu'on a toujours sous la main. Mais ceux qui ont abordé l'étude de leur embryogénie savent combien de difficultés multiples il faut

---

(1) Knappert. Bijdragen tot de Ontwikkelings-Geschiedenis der Zoetwater-Planarien. (Natuurkundige Verhandelingen. Utrecht, 1865).

(2) Elias Metschnikoff. Die Embryologie von Planaria polychroa. (Zeitschrift für wiss. Zoologie. T. XXXVIII, 1883).

(3) Isao Iijima. Untersuchungen über den Bau und die Entwicklungsgeschichte der Süsswasser-Dendrocœlen (Tricladen). (Zeitsch. für wiss. Zoologie. T. XL, 1884, et Zoologischer Anzeiger, 1883, p. 605).

vaincre pour arriver à suivre, d'une manière satisfaisante,
le développement de ces animaux.

Les résultats auxquels sont arrivés les savants que je
citais plus haut, sont loin d'être concordants sur beaucoup
de points. Je ne parlerai pas du travail déjà ancien de
Knappert qui, d'ailleurs, a été jugé par Metschnikoff et
Iijima. Mais je crois qu'il n'est pas inutile d'indiquer les
points principaux sur lesquels les vues des deux derniers
auteurs diffèrent, ainsi que ceux sur lesquels il y a accord ;
c'est ce que je vais faire rapidement.

Tous deux admettent l'existence des trois feuillets ordi-
naires. Pour Iijima, l'ectoderme serait constitué, au début,
par une couche périphérique de blastomères fusionnés en
un syncytium , capable d'absorber, par osmose, la substance nutritive fournie par les cellules vitellines ; plus
tard, des noyaux de la couche ectodermique s'entoureraient
de protoplasme et constitueraient, à la surface de l'embryon,
un revêtement épidermique formé de cellules aplaties.
Metschnikoff, au contraire , considère la couche syncytiale périphérique comme formée par la fusion des cellules
vitellines, et l'ectoderme, pour cet auteur, est constitué
par des blastomères qui émigrent à la périphérie.

Metschnikoff croit que l'endoderme de l'adulte est formé
par les cellules vitellines avalées par l'embryon. Iijima
désigne sous le nom d'endoderme la masse centrale des
blastomères qui ne se sont pas fusionnés. Cette masse cellulaire engendre le pharynx embryonnaire. Quant aux
quelques cellules qui ne contribuent pas à la formation de
cet organe , elles sont destinées à former le revêtement
endodermique de l'intestin de l'embryon. Je mentionnerai
plus loin que ces deux auteurs ont vu les cellules endodermiques vraies, mais qu'ils les ont confondues avec les
grosses cellules internes du pharynx.

Enfin, pour Metschnikoff et Iijima, le mésoderme est
représenté par les cellules disséminées dans le syncytium.
Iijima appelle ces cellules des noyaux libres, et il croit

qu'ils descendent en partie des cellules ectodermiques primitives , en partie de l'endoderme.

Si j'ajoute à ce qui précède que Metschnikoff et Iijima ont décrit un pharynx embryonnaire et un pharynx définitif, qu'ils ont vu comment se forme l'intestin dendrocœlique et qu'ils sont d'accord pour reconnaître que les organes de l'adulte , notamment le cerveau , naissent aux dépens de ce qu'ils considèrent comme un mésoderme, j'aurai donné une idée, certainement incomplète, mais générale, des travaux de ces deux savants , et, par suite, de l'état actuel de la question dont nous allons nous occuper. J'aurai d'ailleurs occasion, quand nous étudierons les différentes phases du développement ontogénique des Planaires d'eau douce, de revenir sur les travaux de mes devanciers.

L'exposé rapide que je viens de faire de l'état de la question est suffisant pour montrer qu'il n'était pas inutile de reprendre l'étude embryologique des Dendrocœles d'eau douce. Toutefois, je dois dire qu'en entreprenant ce travail, j'étais guidé par une autre considération.

On sait avec quelle facilité les Planaires régénèrent leurs parties coupées, même celles qu'on doit considérer comme les plus essentielles à leur existence. Partant de ce fait, je me suis demandé si les résultats, auxquels j'étais arrivé en étudiant l'embryogénie des Nématodes (1), pouvaient être admis aussi pour ces animaux. Chez les Nématodes que j'ai étudiés, chaque blastomère qui apparaît occupe une position parfaitement déterminée et représente une région, un organe ou une partie d'organe définis. J'ai pu donner le tableau généalogique de leurs cellules de segmentation, tableau que je reproduis ici en le modifiant conformément aux nouvelles observations que j'ai faites depuis la publication de mon mémoire (2).

---

(1) Paul Hallez. Recherches sur l'Embryogénie de quelques Nématodes. Paris, O. Doin, 1885.

(2) Paul Hallez. Nouvelles études sur l'embryogénie des Nématodes. (Comptes-rendus Ac. des Sc., 21 février 1887).

Stades.	Cellules ectodermiques.	Cellules mésoderm.	Cellules sexuelles.	Cellules endodermiq.
II	1			E
IV	2			E'
VI	4 3			
VIII		m'' m'		
XII	8 6 7 5			
XVI		m1 m'1		Ep Ea
XX	3' 7' 5' 1'			
XXIV	4' 8' 2' 6'			

On voit donc qu'à chaque stade apparaissent de nouvelles parties de l'embryon nettement définies, de telle sorte qu'on peut, en définitive, concevoir l'œuf comme un être en miniature dont toutes les régions et tous les organes se dessinent à leur tour par des clivages successifs.

Peut-il en être de même chez des animaux dont toutes les parties, même très petites du corps, sont également aptes à régénérer un individu entier? Et par quels phénomènes d'histogénèse se reconstitue la partie mutilée?

Telles sont les questions que je me suis posées et à la solution desquelles j'ai travaillé.

MÉTHODES D'OBSERVATIONS.

Avec un peu d'habitude on arrive assez facilement à dépouiller les cocons de leur coque chitineuse, à l'aide de deux petites aiguilles à cataracte. Toutefois il est bien rare que le contenu ne soit pas touché en un point par la pointe de l'aiguille ; ce qui d'ailleurs dans la plupart des cas ne présente aucun inconvénient. Si l'on désire avoir des embryons isolés, il faut fendre le cocon sous l'acide acétique à 2/100 ; les cellules vitellines se séparent alors les unes des autres, et les embryons peuvent être puisés avec une pipette. Mais si l'on veut avoir le contenu entier d'un cocon, l'opération est plus délicate ; et il faut opérer sous l'alcool à 60° ; les cellules vitellines restent dans ce cas adhérantes les unes aux autres, par suite sans doute de la coagulation du liquide interposé. Le degré de l'alcool est ensuite graduellement remonté, et il est prudent de ne mettre la préparation dans les bains de colorants que plusieurs jours plus tard.

Quand on ne désire se procurer qu'un ou deux embryons d'un cocon ; on peut se contenter de couper le cocon en deux. Dans ce cas, un certain nombre d'embryons sont nécessairement coupés, mais on retrouve toujours dans l'un des deux hémisphères quelques embryons intacts. Étant pressé par le temps, j'ai employé un jour ce procédé barbare sur un cocon qui renfermait des embryons déjà allongés, et je ne fus pas peu surpris de voir que tous les embryons indistinctement étaient coupés par le milieu du corps. Ce fait indiquait avec évidence que les embryons devaient tous avoir une même orientation dans le cocon. Je n'ai pu déterminer cette orientation qu'en partie. Il faut pour cela prendre des cocons à embryons allongés, c'est-à-dire à

partir du stade de la disparition du pharynx embryonnaire,
et les ouvrir sous l'alcool, ou bien les soumettre à l'ébulli-
tion avant de les ouvrir. On prend alors comme point de
repère le point d'attache du cocon, qui se reconnaît toujours
à la présence de la substance visqueuse qui sert à le fixer.
Si l'on considère comme axe des pôles la ligne qui passe
par le point d'attache et par le pôle opposé, on constate
que les embryons sont disposés suivant les méridiens ; on
comprend par suite *qu'il n'est pas indifférent d'ouvrir le
cocon par une section équatoriale ou par une section méri-
dienne.*

Les méthodes de préparations que j'ai suivies sont au
nombre de trois.

1° *Préparations au carmin de Beale.*

Ces préparations m'ont donné de bons résultats pour
l'étude des cellules vitellines, et des phénomènes de la
fécondation et de la karyokinèse. Les œufs segmentés ou non
sont isolés de la majeure partie des cellules vitellines par
l'action de l'acide acétique à 2/100, puis traités par le carmin
de Beale. Seulement, comme les œufs et les blastomères
des Dendrocœles d'eau douce ont une très grande affinité
pour les matières colorantes, il est bon de n'employer
qu'une liqueur carminée étendue.

2° *Préparations par éclatement.*

C'est grâce à ce mode de préparations que j'ai pu me
rendre compte de la disposition des blastomères dans les
stades 4, 8, 11. Le cocon étant ouvert sous l'acide acétique
à 2/100, je laisse les cellules vitellines se dissocier, et je
puise avec une pipette les petits points blancs qu'on voit à
la loupe et souvent même à l'œil nu. Ces points blancs sont
des œufs environnés de leurs cellules vitellines rayon-
nantes. Je les porte isolément dans des verres de montre

contenant de l'acide acétique à 2/100, afin de les débarrasser des cellules vitellines libres qui encombreraient la préparation. Après un ou deux lavages les œufs sont complètement isolés, on les met alors sur des porte-objets séparés. L'œuf est alors examiné à un faible grossissement et, s'il est bien seul sur la lame de verre, on ajoute une goutte de liqueur de Beale ou de picro-carmin, et on couvre en donnant à la lamelle un très léger mouvement de glissement. Les cellules vitellines adhérantes se séparent alors presque toujours en deux parties, l'une qui reste adhérante à l'œuf, et l'autre au contraire qui s'en sépare en le mettant en évidence. Dans la plupart des figures qui représentent ces préparations par éclatement, je n'ai représenté que les cellules vitellines adhérantes, quelquefois même je ne les ai pas représentées du tout afin de simplifier le travail du graveur. J'ai voulu cependant faire reproduire en entier une de ces préparations (Pl. III, fig. 32), afin de montrer que ce procédé n'a rien de barbare, quand on a pris soin de bien isoler l'œuf de toutes les cellules vitellines qui ne lui adhèrent pas, mais qu'au contraire il donne des résultats tellement nets que je crois être en droit d'affirmer que la présence des globules polaires n'aurait pas pu m'échapper, si ces corps existaient réellement.

3° *Méthode des coupes.*

C'est celle que j'ai le plus employée, et c'est la seule possible à partir du moment où les cellules vitellines commencent à diffluer.

La fixation à l'aide de l'acide osmique simple ou carminé donne de bons résultats, à la condition de ne laisser agir ces réactifs que pendant quelques secondes et de bien laver la préparation ensuite. C'est même le seul moyen quand on veut étudier les globules réfringents des cellules vitellines, globules qu'on retrouve dans la masse nutritive de l'embryon. Cependant je n'ai pu employer ce réactif qu'avec une extrème réserve, à cause de la sensibilité particulière de mes yeux aux vapeurs de l'acide osmique. D'ailleurs cet acide n'est pas très favorable pour l'étude des cellules embryonnaires, à cause de l'opacité qu'il donne aux préparations et de l'obstacle qu'il met à la pénétration des colorants.

L'alcool fixe très bien les embryons qu'on peut alors colorer avec la plus grande facilité en employant des teintures alcooliques. Le carmin picro-boraté alcoolique réussit très bien, ainsi que le lilas alcoolique ou carmin boraté alcoolique, et la plupart des colorants aujourd'hui employés. Toutes mes inclusions ont été faites dans la paraffine et mes préparations montées dans le baume. Enfin j'ai presque toujours donné une épaisseur de 10 μ à mes coupes.

ACCOUPLEMENT.

L'accouplement se fait chez toutes les espèces de Dendrocœles d'eau douce de la même manière que chez *Planaria fusca* où il a été décrit par Dugès (1), qui a en outre donné une figure représentant deux individus accouplés. Je puis ajouter que les accouplements sont fréquents, surtout avant que la ponte ait commencé ; pendant la période de la ponte, on observe encore des accouplements, mais moins fréquents. Chez *Dendrocœlum lacteum* j'ai constaté qu'il y avait en moyenne un accouplement pour deux ou trois pontes consécutives. Mais chez *Planaria polychroa*, il y a, pendant toute la période de la mâturité sexuelle, presque autant d'accouplements que de rencontres de deux individus. Voici à ce sujet deux séries d'observations faites sur deux individus isolés dans une même cuvette :

---

(1) Recherches sur l'organisation et les mœurs des Planariées. (Ann. Sc. naturelles, Zool. 1ʳᵉ série, T. XV, 1828, p. 176. Pl. V, fig. 12).

1re OBSERVATION :		2e OBSERVATION :	
20 avril......	1re accouplement.	6 mai......	1re accouplement.
28 avril......	2e —	8 mai......	2e —
8 mai.......	3e —	14 mai......	3e —
24 mai......	4e —	26 mai......	4e —
27 mai.......	5e —	30 mai......	5e —

Bien que j'aie fait surveiller les couples en observation, il n'est pas impossible que plusieurs accouplements n'aient pas été constatés. Pendant le temps qu'ont duré ces observations, ces quatre individus n'ont donné aucune ponte. Ils n'ont commencé à déposer des cocons que dans les premiers jours de juin et ont continué à s'accoupler de temps en temps.

La durée d'un accouplement est en moyenne d'une heure et demie.

STRUCTURE DE L'UTÉRUS
ET DE LA BOURSE COPULATRICE.

I. — UTÉRUS ET CANAL UTÉRIN.

L'*utérus* est connu chez toutes les Planaires d'eau douce. Il est situé généralement entre la partie postérieure de la gaîne du pharynx et la partie antérieure du pénis. Un canal dorsal, passant au-dessus de la gaîne du pénis, le met en communication avec le cloaque génital, cavité susceptible de se dilater considérablement et dans laquelle se trouvent, outre l'orifice du canal utérin, celui de l'oviducte, et les extrémités libres du pénis et de l'organe énigmatique.

La cavité de l'utérus présente une forme qui varie d'une espèce à une autre; elle est vaste et irrégulière chez *Dend. lacteum* où la paroi présente de nombreux replis en forme de culs-de-sac (Pl. I, fig. 4); elle est assez régulièrement piriforme (Pl. III, fig. 1) chez *Plan. polychroa;* elle est formée chez *Polyc. tenuis,* d'après Isao Iijima (1), de deux

---

(1) Loc. cit., p. 419. Pl XXI, Fig. 2.

branches longitudinales réunies par une branche transversale située entre la bouche et la partie antérieure du pénis,
l'ensemble présentant la forme de la lettre H; enfin chez
Polyc. nigra, ainsi que l'ont montré O. Schmidt (1) et
Roboz Zoltan (2), elle est arrondie et située en arrière du
cloaque génital, comme chez *Gunda segmentata* (3).

La structure histologique de l'utérus et de son canal a
été étudiée par plusieurs auteurs, notamment par Minot (4),
Lang (5), Iijima (6), mais personne à ma connaissance n'a
insisté sur les différences de structure qu'on peut observer
d'une espèce à une autre, et sur les rapports que ces struc-
tures différentes présentent avec la présence ou l'absence
des organes énigmatiques. Les observations que j'ai faites
me paraissent avoir de l'importance pour la détermination
de la fonction de l'utérus et de l'organe énigmatique, c'est
pourquoi je crois utile de m'arrêter un moment sur cette
question.

1° *Dendrocœlum lacteum.*

Les parois de l'utérus présentent de nombreux replis
(Pl. I, fig. 5 et 9) qui en augmentent considérablement la
surface. Elles sont revêtues intérieurement par un épithélium allongé qui ne présente pas exactement le même aspect
partout. La paroi dorsale (Pl. I, fig. 4 p d. et fig. 6 et 7),
qui est celle qui présente le plus de replis, est formée par

---

(1) Die dendrocœlen Strudelwürmer aus den Umgebungen von Gratz. (Zeitschrift für wiss. Zool. T. X, 1860. Pl. III, fig. 4).

(2) Roboz Zoltan. A Polycelis nigra Ehr. boncz tana. Kaposvárott, 1881.

(3) A. Lang. Der Bau von Gunda segmentata und die Verwandtschaft der
Plathelminthen mit Cœlenteraten und Hirudineen. (Mittheilungen aus der Zool.
Station zu Neapel. T. III, 1881).

(4) Studien an Turbellarien. (Arbeiten aus dem zool.-zoot. Institut zu Würzburg.
T. III, 1877, p. 441. Pl. XX, fig. 57).

(5) Loc. cit.

(6) Loc. cit.

des cellules piriformes, pédonculées et pourvues d'un beau noyau dans leur partie renflée. Les parois antérieure, ventrale et postérieure (Pl. I, fig. 4, 5 et 9, ps, pp) sont recouvertes par des cellules également allongées, mais non pédicellées. Ces deux espèces de cellules, qui présentent tous les caractères des cellules sécrétantes, paraissent avoir des fonctions différentes à remplir. Les dernières, au moins pendant la période de la ponte, renferment souvent des corpuscules réfringents arrondis (Pl. I, fig. 9) qui ont été vus par Iijima chez *Dend. lacteum* et par Lang chez *Pl. torva*. Iijima pense avec raison que la coque chitineuse des cocons est un produit de sécrétion des celludes de l'utérus, qu'il compare pour cette raison avec la glande coquillière des Cestodes et des Trématodes. Au moment de la formation du cocon, les cellules de l'utérus, à l'exception de celles de la paroi dorsale, se gonflent, leurs limites deviennent moins nettes, et finalement leur contenu granuleux et visqueux, avec les corpuscules réfringents qu'il contient, se répand dans la cavité utérine où il constitue une masse assez considérable. Cette sécrétion visqueuse se colore par le carmin, on l'observe dans les coupes sous forme d'un feutrage granuleux qui obstrue quelquefois le canal de l'utérus. Je ne doute pas qu'il s'écoule dans le cloaque génital et qu'il constitue la coque qui revêt le cocon. Cette coque en effet présente au début tous les caractères de la sécrétion utérine ; elle est blanche, granuleuse, colorable par le carmin. Ce n'est que lorsqu'elle commence à se colorer en jaune clair qu'elle présente des caractères différents. Elle perd alors la propriété de se colorer par le carmin, elle devient de moins en moins élastisque, et lorsqu'elle a pris une teinte d'un brun marron, elle paraît transformée en chitine. Lorsqu'on taquine une planaire au début de la formation du cocon, il n'est pas rare, dans les efforts qu'elle fait pour fuir au plus vite, de voir sortir par le pore génital des tortillons d'une substance blanche qui n'est autre que celle de l'utérus.

D'ailleurs, chez *Dendr. lacteum*, le cocon se forme bien, comme l'a constaté Iijima, dans le cloaque génital. Je puis ajouter que la forme du cocon est déterminée par celle de cette dernière cavité. En effet, on sait que le cocon de *Dendr. lacteum* est sphérique ; c'est évidemment la forme qu'il doit prendre dans une cavité dont les parois sont également élastiques dans tous les sens ; mais chez les individus qui ont déjà pondu un certain nombre de fois, les cocons sont quelquefois ovoïdes ou même irrégulièrement bosselés. Je ne crois pas qu'on puisse expliquer ce fait autrement qu'en admettant que, par suite de pontes répétées, ou bien la cavité cloacale a subi des déformations, ou bien que le tissu conjonctif environnant a perdu de son élasticité en certains points, ce qui produit secondairement des déformations du cloaque. Les déchirures ne sont d'ailleurs pas rares au moment de la ponte. Je possède des coupes d'un individu portant son cocon qui montrent de ces déchirures. On peut en outre constater sur ces coupes que, par suite de l'extrème dilatation du cloaque, le cocon n'est recouvert du côté de la face dorsale que par une mince couche des téguments. Aussi lorsqu'on excite une Planaire portant son cocon, voit-on souvent celui-ci sortir par une déchirure du dos à la première contraction. Ces déchirures et les cicatrisations qui en sont la conséquence doivent nécessairement déformer le cloaque génital et par suite les cocons qui se mouleront plus tard sur ses parois.

Les cellules de la paroi dorsale de l'utérus ne paraissent pas concourir à la formation de la substance de la coque, nous verrons, lorsque nous étudierons la fécondation s'il est possible de leur assigner un rôle spécial.

On peut voir (Pl. 1. fig. 4 et 5) que les cellules glandulaires de l'utérus sont séparées du tissu conjonctif environnant par une ligne assez nette qui correspond évidemment à la couche musculaire décrite par Minot (1) chez *Pl. lugu-*

---

(1) Loc. cit.

bris, et à la *Basalmembran* d'Iijima. Je crois que cette ligne doit être considérée comme une condensation du reticulum conjonctif environnant. On voit en effet par places cette ligne s'épaissir considérablement. J'ai représenté (Pl. 1, fig. 8) un de ces épaississements, dans lequel on observe une jeune cellule en formation, vraisemblablement destinée à remplacer celles qui ont été détruites dans le travail de la sécrétion. En R on voit une sorte de stroma conjonctif formé de fibres réfringentes à peine colorées et qui présente bien le même aspect que le reticulum conjonctif, mais dont les éléments seraient plus condensés. En un point on voit un soulèvement auquel correspond une jeune cellule dont la zône protoplasmique (pr), colorée par le carmin, ne présente pas de limites bien nettes avec le stroma environnant. Enfin au centre, on observe un noyau de chromatine (chr) fortement coloré, et entouré d'une zône claire non colorée (zc).

Cette préparation montre donc que les cellules qui ont sécrété sont vraisemblablement remplacées par d'autres qui se forment dans la couche conjonctive sous-jacente. J'aurai occasion de revenir plus loin sur le rôle important du reticulum conjonctif dans la génèse des éléments histologiques.

Le *canal de l'utérus* est tapissé sur toute sa longueur par un épithelium cylindrique, mais moins élevé que celui de l'utérus, dont les noyaux se colorent admirablement, et qui peut présenter aussi, surtout à la base (Pl. I, fig. 5 ep) des corpuscules réfringents semblables à ceux qui se trouvent dans les cellules de l'utérus. Toutefois, si les cellules du canal utérin sécrétent, leur travail doit être beaucoup moins actif que celui des cellules de l'utérus, car on ne les trouve jamais, comme ces dernières, en voie de désagrégation. Enfin, l'épithélium du canal utérin n'est séparé du tissu conjonctif environnant, comme celui de l'utérus, que par une ligne paraissant résulter de la condensation du tissu conjonctif.

2° *Planaria polychroa.*

La structure du canal de l'utérus présente ici une complexité qui n'existe pas chez *Dendr. lacteum*. La coupe longitudinale (Pl. I, fig. 1) et la coupe transversale (Pl. I, fig. 2)) montrent que les parois de ce canal comprennent de l'intérieur à l'extérieur : 1° un épithélium cylindrique (ep) ; 2° une couche (fc) de fibres circulaires dans laquelle se trouvent quelques fibres longitudinales ; 3° une couche très puissante de fibres radiaires (fr) qui vont se perdre au milieu des fibres du reticulum conjonctif ; 4° de nombreuses cellules glandulaires (gl) piriformes, radiairement disposées autour du canal dans l'épaisseur de la couche de fibres radiaires.

La couche des fibres radiaires et des cellules glandulaires perd beaucoup de son importance au point où le canal s'ouvre dans l'utérus (Pl. I, fig. 1) et disparait un peu plus loin. Il en est de même pour la couche des fibres circulaires et longitudinales, de sorte que l'utérus présente une structure analogue à celle du même organe chez *Dendr. lacteum* : une paroi de cellules cylindriques beaucoup plus allongées que celles du canal utérin, et séparées du reticulum environnant par une mince ligne de tissu conjonctif condensé.

Nous verrons un peu plus loin quelle est la signification de cette structure spéciale.

II. — BOURSE COPULATRICE.

Cet organe est toujours piriforme, la partie renflée étant enfouie dans le reticulum conjonctif, tandis que l'extrémité rétrécie est plus ou moins libre dans le cloaque génital. O. Schmidt le désigne sous les noms de *räthselhaftes*

Organ (1) et de *accessorisches Organ* (2), Iijima (3) sous
celui de *muskulöse Drusenorgan*. Aucun auteur ne lui a
donné un nom particulier.

Plusieurs Rhabdocœlides, et particulièrement les espèces
du genre *Vortex*, possèdent un organe connu sous le nom
de *bourse copulatrice*, qui, par sa position dans le cloaque
génital et par sa structure, paraît être homologue de l'organe
énigmatique des Dendrocœles d'eau douce. Je désignerai en
conséquence celui-ci sous ce même nom.

Chez *Dendr. lacteum* et *Angarense*, la bourse copulatrice
(Pl. 1, fig. 10) est un organe creux, presqu'aussi grand
que le pénis, et dont la structure a été étudiée par Iijima.
On y distingue un épithélium interne (ep'), une puissante
couche de fibres anastomosées (fa), et une couche de fibres
circulaires (f c'). Iijima décrit en outre des cellules glandulaires qui déverseraient leurs produits dans l'intérieur
de l'organe.

Chez *Plan. polychroa*, la bourse copulatrice fait complètement défaut.

Enfin, cet organe est entièrement musculeux, sans
aucune lumière à l'intérieur, dans plusieurs espèces du
genre *Polycelis*, mais il est à noter que, dans ce cas, il
existe deux bourses copulatrices. Celles-ci, chez *Pol.
tenuis* (4), sont disposées à angle droit, l'une à droite, l'autre en arrière, les extrémités libres convergeant vers le
centre du cloaque génital. La disposition est la même
chez *Pol. nigra*, d'après Roboz Zoltan (5), tandis que chez

---

(1) Die dendrocœlen Strudelwürmer aus den Umgebungen von Gratz. (Zeitsch.
für wiss. Zool. T. X, 1860).

(2) Untersuchungen über Turbellarien von Corfu und Cephalonia. (Zeitschrift
für wiss. Zool. T. XI, 1862).

(3) Loc. cit.

(4) Iijima. Loc. cit., p. 423. Pl. XXI fig. 3).

(5) Loc. cit.

Pol. cornuta (1), les deux bourses copulatrices sont placées à droite et à gauche, en regard l'une de l'autre.

A propos de *Pl. polychroa*, O. Schmidt (2) prétend que l'organe énigmatique n'existe pas dans tous les individus, il dit en effet : « Das accessorische kolbige Organ ist besonders bei den mittelgrossen Individuen sehrdeutlich , dagegen war es bei vielen grossen geschlechtsreifen Individuen so undeutlich, obwohl schliesslich nachzuweisen , dass, hätte ich nur solche Exemplare zur Untersuchung gehabt, der Nachwèiss desselben sehr zweifelhaft gewesen sein würde. »

Iijima fait la même observation pour *Pol. tenuis*, voici comment il s'exprime : « Bei Pol. tenuis ist das muskulöse Drüsenorgan nicht immer vorhanden. Ich habe Schnitte von mehreren vollkommen geschlechtsreifen Exemplaren, deren Dotterstock völlig entwickelt ist, ohne dass sich eine Spur des drüsigen Organs findet. »

Je ne crois pas trop m'avancer en affirmant que cette prétendue inconstance de la bourse copulatrice dans les deux espèces citées, tient uniquement à des déterminations inexactes des espèces. Le groupe des Dendrocœles d'eau douce est un de ceux dont les caractères spécifiques sont le plus difficiles à fixer, un de ceux où la synonymie est le plus embrouillée.

FORMATION DU COCON.

A cette question de la formation du cocon se rattache intimement celle de la fonction de l'utérus et de la bourse copulatrice.

---

(1) O. Schmidt. Die dendrocœlen Strudelwürmer aus den Umgebungen von Gratz. (Pl. III, fig, 3).

(2) Ueber Planaria torva Autorum. (Zeitsch. für wiss. Zool. T. XI, 1862, p. 93).

(3) Loc. cit., p. 423.

Se basant sur la structure de l'utérus et sur la nature de son produit de sécrétion, Iijima croit que cet organe n'a rien de commun avec celui qui porte le même nom chez les autres animaux. N'y ayant jamais rencontré ni spermatozoïdes, ni œufs, ni cellules vitellines, bien qu'il ait fait ses observations à l'époque de la ponte, il en conclut que l'utérus n'est qu'une glande, qu'il compare à la glande coquillière des Cestodes et des Trématodes, et qui n'a d'autre fonction que celle d'élaborer la substance destinée à former la membrane protectrice des cocons.

Quant à la bourse copulatrice, sa fonction est obscure. Deux auteurs seulement, à ma connaissance, ont formulé une opinion, et cela avec la plus grande réserve. Max Schultze présume que cet organe peut servir à la formation de l'enveloppe du cocon et à l'adhérence de celui-ci aux corps extérieurs. Iijima fait observer que son absence complète chez *Pl. polychroa* ne permet pas de lui attribuer un rôle dans la formation de la coque. Il le considère comme une glande et croit qu'il peut en outre être utile au moment de la ponte.

J'ai fait quelques observations qui me paraissent jeter quelque lumière sur la question qui nous occupe.

1º *Chez Planaria polychroa.*

Dans cette espèce, contrairement à la conjecture d'Iijima, le cocon se forme dans l'utérus. J'ai représenté dans la figure 20 (Pl. V.) la partie postérieure d'un individu au moment de la ponte. On voit que le cocon est situé immédiatement en arrière de la bouche, c'est-à-dire précisément au point où se trouve l'utérus, et non pas dans le cloaque génital. En outre je possède des coupes qui montrent à l'intérieur de l'utérus des spermatozoïdes, des cellules vitellines et des œufs. J'ai représenté une de ces coupes (Pl. III, fig. 1. et Pl. I, fig. 1). On observe encore dans cet utérus de très nombreuses granulations en tout semblables à celles que j'ai signalées plus haut dans l'utérus de *Dendr. lacteum*, et qui bien certainement sont secrétées par les parois de l'utérus et constituent la matière première qui servira à former la coque.

Il ne peut donc plus y avoir le moindre doute relativement au rôle de l'utérus chez *Pl. polychroa* : c'est une cavité où s'opère la fécondation, et où se forme entièrement le cocon dont la coque est un produit de sécrétion des cellules utérines. Il est évident que le pédicelle du cocon est formé par la substance visqueuse qui se moule et se fige dans le canal utérin. Les choses se passent donc exactement ici comme chez les Rhabdocœles à cocon pédicellé, le *Gyrator hermaphroditus*, par exemple.

Cette observation explique la structure compliquée du canal utérin que j'ai fait connaître dans le chapitre précédent. Les fibres radiaires (fr) servent évidemment à dilater le canal pour permettre au cocon de le franchir pendant le travail de l'accouchement, et la couche des fibres circulaires (fc) est probablement le siège à ce moment de contractions péristaltiques comparables à celles qu'on observe dans l'œsophage des animaux supérieurs pendant la déglutition. Quant aux cellules glandulaires (gl) de la couche des fibres radiaires, il me paraît difficile de leur assigner une fonction bien déterminée. Peut-être servent-elles à lubréfier les parois du canal utérin ?

On peut voir dans la coupe que j'ai dessinée (Pl. 1, fig. 3), que les deux oviductes (ovd) viennent s'ouvrir à la base du canal utérin, lequel est fermé immédiatement en arrière par un sphincter (sph) ayant la forme d'un bourrelet annulaire. Cette disposition montre bien que les œufs et les cellules vitellines ne peuvent pas tomber directement dans le cloaque génital, mais doivent se rendre dans l'utérus ainsi que nous l'avons vu.

2° *Chez Dendrocœlum lacteum.*

Il est bien établi que le cocon se forme dans le cloaque génital et y séjourne jusqu'au moment de la ponte. C'est dans cette cavité et loin de l'orifice du canal utérin qu'aboutit l'oviducte commun, résultant de la réunion des deux oviductes. D'autre part, nous avons vu dans le chapitre précédent, que l'utérus de cette espèce sécrète la substance qui doit former la coque des cocons. fonction qui est également dévolue à l'organe correspondant chez *Pl. Polychroa.*

Mais l'utérus est-il devenu chez *Dendr. lacteum* une simple glande ? Il est déjà permis d'en douter si l'on considère la nature de l'épithélium du canal utérin qui ne présente pas les caractères des cellules d'un canal purement excréteur. La lumière de ce canal (Pl. I, fig. 10) pourrait aussi paraître plus grande que de raison si elle ne devait être parcourue que par le produit de la sécrétion utérine. Mais l'observation suivante me parait avoir une réelle importance. Je possède un exemplaire dont l'utérus contient des spermatozoïdes. Je sais bien que dans les coupes, la substance visqueuse sécrétée par les parois se présente fréquemment sous forme de filaments. mais jamais ces traînées granuleuses ne sont rigoureusement en faisceaux parallèles, ce qui ne permet pas de les confondre avec des spermatozoïdes. Si les spermatozoïdes pénètrent dans l'utérus, il paraît peu probable que ce soit pour s'y emmagasiner comme dans un réceptable séminal : je suis plutôt porté à croire que c'est pour l'acte de la fécondation. Les cellules glandulaires pédicellées de la paroi dorsale de l'utérus, qui ne paraissent pas participer à la secrétion de la coque, pourraient bien produire un liquide spécial destiné à entretenir la vitalité des éléments mâles et faciliter peut-être le phénomène important de l'imprégnation. Mais d'un autre côté, si l'utérus est le lieu où se produit l'imprégnation, il faut que les œufs y pénètrent.

Reste à rechercher quel peut être le rôle probable de la bourse copulatrice. Une observation déjà ancienne (1) m'a fait découvrir à l'intérieur d'un de ces organes des spermatozoïdes. C'est ce qui m'avait porté à cette époque à le désigner sous le nom de *receptaculum seminis*, nom que j'abandonne parce qu'il me parait bien établi que l'organe énigmatique de Schmidt a une toute autre signification. On peut voir dans la fig. 10 (Pl. I) que l'extrémité de la bourse copulatrice se trouve en face du canal utérin et dans une position telle que son extrémité libre, qui est très mobile, peut facilement se mettre en rapport avec l'orifice du canal. On conçoit, que, dans ces conditions, une contraction de la bourse aurait pour effet de lancer dans l'utérus les spermatozoïdes qu'elle contiendrait. On peut objecter que, dans les coupes, on trouve toujours la lumière de la bourse copulatrice ou bien absolument vide ou bien contenant seulement une substance qui se colore par le carmin et qui vraisemblablement est, comme le dit Iijima, un produit de sécrétion spéciale. Mais il ne faut pas oublier que, quelle que soit la spontanéité de l'action des réactifs qu'on emploie pour tuer et pour fixer l'animal, on ne peut éviter toute espèce de contraction au moment de la mort, et plus spécialement les contractions des organes essentiellement musculaires, comme c'est le cas pour la bourse copulatrice. Dès lors l'état de vacuité de cet organe ne doit pas nous étonner. On pourra m'objecter encore que dans le genre *Polycelis*, la bourse copulatrice est pleine et ne peut, par conséquent, pas jouer le rôle que je viens d'indiquer. Je n'ai pas d'observations nouvelles à apporter pour les espèces de ce genre, mais on peut remarquer que la bourse copulatrice est toujours double dans ce cas, de sorte qu'elle pourrait bien avoir une autre signification que chez *Dendr. lacteum*, à moins que l'espace compris entre les deux organes, généralement

---

(1) Contributions à l'histoire naturelle des Turbellariés. Lille, 1879.

disposés à angle droit, ne joue précisément le rôle de cavité copulatrice.

Il y a, à ce sujet, de nouvelles recherches à entreprendre, mais il me paraît bien évident que la bourse copulatrice qui présente une prédominance de l'élément musculaire dans sa structure, ne peut pas être considérée simplement comme une glande. mais plutôt comme un organe essentiellement contractile. D'ailleurs, nous verrons plus loin qu'il ne paraît être d'aucune utilité dans la ponte ; il ne paraît pas en avoir davantage dans la fixation du cocon aux corps extérieurs.

Il est aussi peu probable qu'il soit destiné à répandre uniformément la substance de la coque autour de la masse des cellules vitellines. Les observations que j'ai faites rendent au contraire probable ma manière de voir. qui se trouve en outre confirmée par ce fait que, chez *Plan. polychroa, chez laquelle les produits génitaux arrivent directement dans l'utérus, tout organe propulseur fait défaut.*

DURÉE DE LA FORMATION DU COCON.

D'après mes observations, l'espace de temps compris entre la première apparition du cocon, sous la forme d'un petit point blanc à l'intérieur des organes génitaux, et le moment de la ponte, est assez variable. Cela tient à ce que le cocon complètement façonné peut rester plus ou moins longtemps dans les organes de la mère. On voit en effet quelquefois le cocon expulsé alors que sa coque est encore blanche et molle, tandis que dans d'autres circonstances il est expulsé quand sa coque est dejà dure et d'un brun noir. Dans ce dernier cas, l'espace de temps compris entre la première apparition et la ponte est de 20 à 23 heures pour *Dendr. lacteum* ; dans le cas contraire, l'espace de temps n'est que de 13 à 16 heures pour la même espèce. Ces renseignements m'ont rendu service, car c'est grâce à eux que j'ai pu me procurer des œufs ayant récemment subi l'imprégnation.

PONTE.

Nous avons vu que le cocon se forme dans le cloaque génital chez *Dendr. lacteum*, ainsi que l'indique Iijima ; mais chez *Planaria polychroa* il se forme tout entier dans l'utérus. Je n'ai pas fait d'observations à ce sujet sur le genre *Polycelis*.

Dans le genre *Dendrocœlum*, le cocon sphérique et sessile est fixé à la paroi de la cuvette par une mucosité visqueuse. La planaire attend alors plusieurs heures que ce mucus ait pris une certaine consistance, puis, restant fixée seulement par les bords du corps, elle soulève la partie médiane qui prend la forme d'une voûte, et le cocon sort par ce moyen lentement. Je ferai observer que ce mécanisme n'exige nullement l'intervention de l'organe énigmatique.

Chez *Planaria polychroa*, la ponte a été observée par Dugés (1), je l'ai observée moi-même plusieurs fois. J'ai représenté dans la figure 20 (Pl. V.) la partie ventrale et postérieure, d'un individu au moment de la ponte. Le cocon brun clair se trouve immédiatement en arrière de la bouche dans l'utérus ; le pédicelle traverse le canal utérin, le cloaque génital, et fait saillie par le pore génital; sa partie postérieure, étalée en forme de disque, est fixée à la paroi de la cuvette. L'accouchement se fait ici par un mécanisme analogue à celui de *Dendrocœlum*, mais il est plus laborieux, le cocon ayant à franchir le conduit resserré de l'utérus. L'animal est fixé par les bords du corps, et relevant fortement et à plusieurs reprises la partie médiane, il force le cocon fixé par le pédicelle à sortir. Ici il ne peut être question de l'intervention de l'organe énigmatique. puisque cet organe fait défaut.

---

(1) Loc. cit., p. 178. Pl. V, fig. 13.

Dendrocœlum lacteum a commencé à me donner des cocons le 22 janvier et les pontes se sont succédées sans interruption jusque vers la fin de mai. Dans le courant du mois de juin, tous mes individus au nombre de 200 environ sont morts. J'estime que chacun de mes individus m'a donné une dizaine de cocons. L'intervalle d'une ponte à l'autre est de deux à cinq jours suivant que l'alimentation est plus ou moins abondante et aussi suivant que la température est plus ou moins élevée. Dans une observation j'ai observé un intervalle de 18 jours.

Planaria polychroa commence à pondre plus tard que l'espèce précédente, vers le commencement de mai ou fin avril, et elle pond tout l'été. Chaque individu de cette espèce donne un nombre de cocons de beaucoup supérieur à celui que peut donner un individu de *Dendr. lacteum*, mais il est à noter que tandis qu'un cocon de la première espèce ne contient que 4 à 6 embryons, un cocon de *Dendrocœlum* peut renfermer dans certains cas plus de 40 embryons.

Quant aux heures de la journée auxquelles se font les pontes, il n'y a rien de fixe; le plus ordinairement c'est le soir et le matin.

ÉCLOSION.

La durée nécessaire au développement complet des embryons est variable. On peut constater, en jetant un coup d'œil sur les deux tableaux suivants, que d'une manière générale le développement est d'autant plus rapide que la saison est plus avancée, ou ce qui revient au même, que la température est plus élevée. Il y a cependant quelques exceptions qui tiennent sans doute à des causes multiples.

I. — DENDROCŒLUM LACTEUM.

DATE DE LA PONTE.	DATE DE L'ÉCLOSION.	NOMBRE DE JOURS
31 janvier	8 mars	36 jours.
2 février	14 mars	39 —
3 février	18 mars	43 —
25 mars	21 avril	27 —
26 mars	21 avril	26 —
26 mars	23 avril	28 —
27 mars	21 avril	25 —
28 mars	21 avril	24 —
31 mars	21 avril	21 —
2 avril	21 avril	19 —

II. — PLANARIA POLYCHROA.

DATE DE LA PONTE.	DATE DE L'ÉCLOSION.	NOMBRE DE JOURS.
8 mai	9 juin	32 jours.
8 mai	31 mai	23 —
12 mai	3 juin	22 —
17 mai	5 juin	19 —
20 mai	8 juin	19 —
22 mai	9 juin	18 —
27 mai	13 juin	17 —
2 juin	19 juin	17 —

Nota. — Dans ce dernier tableau, toutes les pontes, sauf la première du 8 mai dont l'éclosion eut lieu le 9 juin, ont été fournies par un même individu qui avait été isolé dans une cuvette spéciale.

On peut remarquer, dans le premier tableau, que le 21 avril eurent lieu plusieurs éclosions de cocons pondus à des dates diverses. Ce jour-là mes cuvettes furent exposées au soleil pendant quelques heures. C'est à cette cause que j'attribue ces éclosions multiples. On doit donc conclure que l'éclosion n'a pas lieu aussitôt que le développement des embryons est complet, mais que ceux-ci peuvent rester plus ou moins longtemps renfermés dans le cocon dont la rupture est plutôt déterminée par les conditions extérieures que par les mouvements des jeunes planaires emprisonnées.

J'ai constaté que la ligne de déhiscence était équatoriale, si l'on considère comme axe des pôles la ligne qui passe par le point d'attache et par le point opposé.

Je dois encore ajouter aux faits précédents une observation qui me paraît montrer qu'un écart brusque dans la température peut avoir un effet fâcheux sur le développement des planaires.

Dans la nuit du 26 au 27 février de cette année, mes exemplaires de *Dendroc. lacteum* m'ont fourni 30 cocons de grande dimension (3 à 4 millimètres de diamètre); dans la nuit suivante, celle du 27 au 28 février, ils m'ont donné un nombre à peu près égal de cocons. Mais tous ces cocons d'un jaune citron ont conservé cette coloration anormale jusqu'au 24 mars, époque à laquelle je m'aperçus que plusieurs s'étaient rompus spontanément sous l'eau en laissant échapper un liquide laiteux, mais pas d'embryons. Intrigué, je les ouvris pour les étudier. Je constatai que leurs coques étaient fragiles, que leur transformation en chitine était loin d'être complète, puisque plusieurs se laissaient encore colorer par le carmin. Ouverts sous l'acide acétique, je pus retirer facilement le contenu d'une seule pièce comme si ces cocons avaient été fraîchement pondus. A l'examen microscopique, je vis que les cellules vitellines étaient intactes, mais que les œufs n'avaient subi qu'un commencement de segmentation et semblaient définitivement arrêtés dans leur développement.

Comme mes planaires m'ont toujours donné, avant et après les deux dates indiquées plus haut, des pontes fécondes, je ne pouvais attribuer cet arrêt dans le développement à un défaut de fécondation, d'autant moins qu'elles étaient bien 200 dans un petit aquarium. En consultant les tables des températures maxima et minima dressées par les soins de la commission météorologique, j'ai constaté que les dates en question ne correspondaient pas à des températures très basses, mais à un écart très sensible entre la température minima de la nuit et la température maxima du jour. Les 27 et 28 février, la température la plus basse a été 0° et la température la plus élevée 10°. Est-ce cet écart, qui est très sensible, si on le compare à celui des autres jours, qui a été la cause de l'arrêt de développement de tous mes cocons ? Je n'oserais pas l'affirmer, mais je ne vois point d'autre cause.

LES CELLULES VITELLINES.

Dans la Pl. I, fig. 19, j'ai représenté une portion d'une coupe longitudinale passant par un vitellogène ; la fig. 20 montre une cellule vitelline de la même coupe. On voit que les cellules vitellines sont réunies les unes aux autres et aux parois des vitellogènes par des traînées de substance conjonctive dont l'ensemble forme au moins, quand les cellules vitellines ont déjà acquis un assez grand développement, un réseau qui rappelle la structure des ovaires mûrs. Au début, ces cellules ont un protoplasme d'apparence homogène, mais à mesure que les matériaux nutritifs affluent à leur intérieur, on voit apparaître une structure spéciale, qui n'est pas sans analogie avec celle qu'on observe dans les œufs mûrs fortement chargés de *lécithe*. Cette structure est nettement mise en évidence par les préparations représentées dans les fig. 1, 5 et 6 (pl. II). La fig. 1 est une coupe de cellule vitelline qui montre avec la plus grande évidence la disposition aréolaire du protoplasme, coloré par le carmin alcoolique. Si les alvéoles sont vides, c'est que la substance qu'elles renferment a été dissoute par les réactifs (alcool, essence de térébenthine et paraffine). On voit, en effet, sur des préparations au carmin osmiqué (fig. 5 et 6) qu'à l'intérieur de chaque alvéole il existe un globule plus ou moins volumineux d'une substance qui se

colore par le réactif en brun rougeâtre. Ces globules paraissent être une combinaison de matière grasse et de substance albuminoïde. Quelques-uns de ces globules acquièrent
un volume relativement considérable, égal ou même supérieur à celui du noyau ; ce sont les globules réfringents
qui sont visibles à de faibles grossissements. Lorsqu'on
examine des cellules vitellines soit sans réactif, soit traitées
par l'acide acétique et le carmin de Beale (pl.II, fig.15, 19,
etc), on aperçoit une structure plutôt spumeuse qu'aréolaire;
les alvéoles ne sont pas polyédriques, mais le plus ordinairement elles paraissent sphériques avec un petit globule
réfringent à leur intérieur. Je crois que la forme polyé-
drique est le résultat d'une contraction produite par les
réactifs. Quoiqu'il en soit, il est bien certain que le protoplasme constitue des traînées entre lesquelles se trouvent
des vésicules d'apparence aqueuse renfermant chacune un
ou deux petits globules réfringents. Quelques-uns de ces
globules peuvent se souder ou acquérir des dimensions plus
grandes que les autres.

La structure que je viens de faire connaître est essentiellement la même dans toutes les espèces de Dendrocæles
d'eau douce. Les cellules vitellines des différents genres
peuvent cependant se reconnaître facilement au nombre et
à la dimension des grosses gouttelettes réfringentes ; c'est
dans le genre *Dendrocœlum* qu'il y en a le moins ; dans le
genre *Planaria* il y en a en général quatre à six souvent
très grosses ; dans le genre *Polycelis* il y en a rarement
moins de dix et souvent beaucoup plus, ce qui fait que ces
cellules vitellines sont beaucoup moins transparentes que
celles des deux autres genres.

Les *noyaux* des cellules vitellines mûres présentent une
structure qui est toujours la même et qu'il est important
de décrire exactement, pour qu'on puisse toujours les reconnaître dans le cours du développement et ne pas les confondre, comme semble l'avoir fait Iijima, avec des noyaux
libres résultant de la fusion de cellules embryonnaires.

Le noyau est sphérique, il présente toujours des rubans de chromatine repliés sur eux-mêmes et situés à la périphérie. La coupe (pl. II, fig. 1) montre cette disposition avec la plus grande netteté. Le noyau est souvent libre à l'intérieur d'une vacuole remplie de liquide. Quelquefois même, la vacuole est assez grande pour que le noyau soit mobile à l'intérieur, lorsqu'on incline ou lorsqu'on comprime la préparation. Dans ce cas, le noyau ne conserve plus la moindre relation avec le protoplasme aréolaire. Ce fait me paraît avoir une certaine importance. Il semble indiquer que le noyau est devenu pour la cellule vitelline un corps inutile, ce qui rend déjà bien douteuse l'opinion de Metschnikoff, pour qui les cellules intestinales définitives ne sont que des cellules vitellines.

Toute la surface de la cellule vitelline est constituée par une mince couche de protoplasme, qu'on ne peut pas distinguer du reste du protoplasme aréolaire. Nous ne pouvons donc pas dire qu'il existe une membrane d'enveloppe.

Relativement aux mouvements que présentent les cellules vitellines, je n'ai rien à ajouter aux observations de Von Siebold (1), aux miennes (2), et à celles plus récentes de Metschnikoff (3) et d'Iijima (4).

Si l'on examine une coupe faite à travers le contenu entier d'un cocon, on constate une sorte de stratification des cellules vitellines. A la périphérie du cocon, ces cellules sont toutes aplaties parallèlement à la surface, en même temps elles prennent la forme d'une voûte dont la convexité est tournée en dehors. Dans la partie concave s'emboîtent d'autres cellules vitellines, mais à mesure qu'on s'éloigne de la

---

(1) Ueber die Dotterkugeln der Planarien. (Monatsbericht der Berlin Akad. 1841).

(2) Contributions à l'hist. nat. des Turbellariés, 1879.

(3) Die Embryologie von Planaria polychroa.

(4) Untersuchungen über den Bau und Entwickelung der Süsswasser-Dendrocœlen.

surface, l'aplatissement des cellules diminue rapidement.
Par suite de cette disposition, les cellules vitellines forment
à la périphérie du cocon une zône particulière. Quant aux
cellules vitellines situées à l'intérieur, elles semblent disposées par zônes autour de chaque œuf, mais ce n'est que
dans le voisinage des œufs qu'elles constituent une zône
très apparente par suite de leur disposition nettement
radiaire.

Voyons maintenant ce que deviennent ces cellules vitellines dans le cours du développement.

L'œuf fécondé est entouré par une vingtaine de cel-
lulés vitellines radiairement disposées. Ces cellules adhèrent par une de leurs extrémités sur toute la surface de
l'œuf. L'extrémité adhérante ou base de la cellule vitelline est ordinairement plus large que l'autre extrémité
qui se termine assez souvent en pointe, de sorte que la
cellule est à peu près conique. L'adhérence faible au
début, est déjà assez forte au moment de la première
segmentation. Je me rappelle avoir dessiné un œuf pourvu
des deux pronucleus et à la surface duquel j'avais cru
voir un globule polaire ; à un plus fort grossissement il
s'est trouvé que le prétendu globule polaire n'était qu'un
fragment de cellule vitelline qui s'était brisée plutôt que
de se séparer de la surface de l'œuf, à laquelle elle adhé-
rait. Ainsi que l'a fait remarquer Iijima, ces cellules
vitellines sont un peu plus petites que les autres : le
fait est surtout apparent dans les, coupes d'ensemble du
contenu d'un cocon ; mais je n'ai pu observer aucune
différence ni dans leur structure, ni dans leurs réactions
micro-chimiques. Peut-être leur volume plus petit est-il
simplement le résultat d'une contraction qui aurait pour
effet de faire exsuder une partie des sucs contenus dans
les alvéoles de ces cellules.

Ce qui est bien certain, c'est que les œufs fécondés sont
entourés d'une légère zône granuleuse se colorant en
rose par le carmin, mais ne constituant jamais une couche

à contours définis ; cette zône se voit très bien dans toutes les préparations débarrassées des cellules vitellines. Est-elle un produit de sécrétion spéciale destinée à produire l'adhérence des cellules vitellines, ou est-ce une simple exsudation des cellules vitellines radiaires elles-mêmes ? C'est ce que je ne puis dire.

Les cellules vitellines en question continuent à adhérer à la surface des sphères de segmentation jusqu'au stade huit. C'est à la pression exercée par les cellules vitellines, que j'attribue la disposition régulière et normale des blastomères que nous observerons plus loin dans les premiers stades de la segmentation.

Après le stade huit, commence le phénomène de la diffluence des cellules vitellines, phénomène qui a pour but de former un milieu nutritif spécial, dans lequel sont plongées les sphères de segmentation. La cellule vitelline qui entre en diffluence présente les phases suivantes : la base s'aplatit davantage ; les sphérules avec leurs gouttelettes réfringentes s'isolent les unes des autres; on les voit encore pendant quelque temps libres autour des sphères de segmentation, mais elles ne tardent pas à se fusionner ; à mesure que les sphérules les plus voisines de la base se séparent, celles qui se trouvent immédiatement au-dessus se rapprochent de l'œuf segmenté et s'isolent à leur tour, de sorte que la cellule vitelline semble fondre petit à petit et de proche en proche en commençant par la base. Les trainées de protoplasme et le contenu des vacuoles se mélangent et forment, avec le liquide des sphérules fusionnées, une masse homogène finement granuleuse à l'intérieur de laquelle on retrouve encore les gouttelettes réfringentes et le noyau. Cette substance homogène environne les sphères de segmentation et s'infiltre même entre chacune d'elles. On peut voir des cellules vitellines en diffluence Pl. II, fig. 19 et Pl. IV, fig. 3.

Il est à noter que toutes les cellules vitellines qui entourent immédiatement l'œuf segmenté diffluent à peu près en même temps, de sorte qu'il arrive un moment où leur masse fusionnée constitue une zône assez nettement délimitée autour des blastomères. Ceci se produit en général vers le stade 20. Alors on assiste à un phénomène bien remarquable, et qui peut s'expliquer en partie par les mouvements dont sont douées les cellules vitellines *particulièrement à ce moment*. Celles de ces cellules qui sont dans le voisinage immédiat de la masse embryonnaire, se disposent à leur tour radiairement autour de cette dernière, elles y adhèrent par leur base, de sorte que l'embryon est de nouveau hérissé de cellules vitellines sur toute sa surface (Pl. IV, fig. 1). Les coupes montrent mieux encore cette disposition que les préparations à l'acide acétique ; elles démontrent de plus que les cellules vitellines qui cherchent à se fixer à la surface de la masse embryonnaire sont plus nombreuses que celles qui réussissent à y adhérer par leurs bases, car on voit, entre celles-ci, d'autres cellules vitellines intercalées qui n'ont pas réussi à atteindre la surface du syncytium.

Cette seconde série de cellules vitellines radiaires entrera elle-même à son tour en diffluence et viendra accroître d'autant la masse syncytiale formée par la première série. Comme le nombre des cellules vitellines radiaires de la première et de la deuxième série varie d'un cocon à l'autre, et même d'un embryon à un autre, on prévoit que les masses syncytiales pourront présenter des volumes très différents : c'est en effet ce qui se produit.

Je me suis demandé s'il existait une relation entre le nombre des blastomères et celui des cellules vitellines diffluées, et voici comment j'ai cherché à résoudre cette question. J'ai dessiné à la chambre claire toute la série des coupes de quelques stades. J'ai compté le nombre total des blastomères et le nombre total des noyaux de cellules vitellines libres dans la masse nutritive. Voici les résultats que j'ai obtenus :

Stade 16......................	6 noyaux libres de cellules vitellines.	
Stade 18......................	30	id. id.
Stade 23......................	21	id. id.
Stade 24......................	24	id. id.
Stade 30......................	22	id. id.
Embryon dont le pharynx embryon- naire est prêt à fonctionner.........	309	id id.

Je n'ai pas multiplié davantage ces recherches très fastidieuses ; elles sont d'ailleurs suffisantes pour démontrer qu'aucune relation ne semble exister entre le nombre des blastomères et celui des cellules vitellines diffluées. Les phénomènes de la diffluence et de la segmentation paraissent donc être tout-à-fait indépendants.

Lorsque le pharynx embryonnaire est prêt à fonctionner, le jeune embryon ne tarde pas à avaler des cellules vitellines en grande quantité. Celles-ci peuvent se conserver intactes pendant très longtemps, à l'intérieur de la cavité intestinale , mais elles finissent toujours par diffluer et par former des masses plus ou moins considérables et plus ou moins irrégulières, à l'intérieur desquelles on retrouve des gouttelettes réfringentes et des noyaux en nombre variable.

Ces masses nutritives sont, après l'éclosion, absorbées par les cellules endodermiques définitives, comme nous le verrons plus tard.

Il ne me reste plus maintenant, pour terminer l'histoire des cellules vitellines, qu'à parler des modifications que j'ai observées dans la masse nutritive. Cette masse constitue le plus ordinairement un milieu homogène, finement granuleux, au sein duquel sont plongés les blastomères. Quelquefois cependant on observe sur les coupes (Pl. IV, fig. 2 et 3) que la masse nutritive a une disposition aréolaire irrégulière, qui disparaît toujours chez les embryons plus développés, quand le pharynx embryonnaire est constitué. Les gouttelettes réfringentes ne peuvent être étudiées que sur les préparations traitées par l'acide osmique. On les observe dans la masse nutritive jusqu'au stade caractérisé par l'existence d'un pharynx embryonnaire, mais avant que ce dernier organe disparaisse, les gouttelettes se répandent uniformément dans la masse nutritive dans laquelle elles semblent se dissoudre en lui communiquant la propriété de se colorer uniformément et d'une manière intense, sous l'influence de l'acide osmique ou du carmin osmiqué.

Enfin, les noyaux libres des cellules vitellines se contractent à mesure que le développement avance, et cette condensation de la substance nucléaire a lieu aussi bien dans les noyaux libres que dans ceux qui restent dans les cellules vitellines ; elle est le résultat d'une dégénérescence. Plus les stades sont avancés, plus les noyaux en dégénérescence sont nombreux. La condensation de la substance nucléaire est irrégulière, de sorte que les aspects présentés par ces noyaux sont des plus variés. On peut voir, (Pl. IV, fig. 3) dans le haut de la figure, un noyau étranglé en forme de biscuit et qu'on pourrait prendre pour un noyau en division, il en est de même pour celui représenté dans la figure 9, Pl. V.

Il suffit de comparer le diamètre du noyau de la figure 1 (Pl. II), avec celui des noyaux *n* de la figure 9 (Pl. V), qui sont tous dessinés au même grossissement, pour voir combien il s'est réduit dans l'intervalle de seize jours.

Dans les coupes d'embryons à l'éclosion, on ne retrouve presque plus de noyaux libres de cellules vitellines, et ceux qu'on rencontre encore sont excessivement réduits.

Pendant la contraction de la masse nucléaire, les rubans de chromatine se pelotonnent de plus en plus et finissent par former une masse peu volumineuse, qui continue à se colorer uniformément et d'une manière intense par le carmin. Il n'y a pas de doute que le suc nucléaire ne soit résorbé, mais que devient la chromatine ? Est-elle l'origine des grains de chromatine libres, qu'on rencontre dans le reticulum conjonctif de l'adulte, ou bien disparaît-elle ? C'est une question qui a bien son importance, mais que je ne puis résoudre. Toutefois il est à remarquer que les grains de chromatine libres sont excessivement rares et extrêmement petits dans le reticulum conjonctif des jeunes à l'éclosion, ce qui porte à croire que tous les éléments du noyau des cellules vitellines sont finalement résorbés.

L'ŒUF AVANT ET PENDANT LA FÉCONDATION.

Les ovaires sont pairs, antérieurs, exactement dans la position qu'indique Iijima, et enclavés (Pl. I, fig. 11, 12 et 13) dans le reticulum conjonctif de la face ventrale du corps. La *tunica propria* d'Iijima (1), la capsule de Minot (2), la membrane d'enveloppe de Moseley (3) et de Kennel (4), ne doivent être considérées, selon moi, que comme un état particulier de condensation du tissu conjonctif environnant ; en effet, la limite de l'ovaire, même lorsqu'elle est bien nette du côté de cet organe, se fond de l'autre côté dans le reticulum conjonctif avec lequel elle ne présente pas de ligne tranchée.

Les coupes faites à travers des ovaires mûrs (Pl. I, fig. 11-14), montrent les œufs dans les mailles d'un stroma conjonctif lâche. Ce stroma ovarien présente des cellules anastomosées (Pl. I, fig. 14) qu'il est impossible de diffé-

---

(1) Lot. cit.

(2) Studien an Turbellarien. (Arbeiten aus dem zool.-zoot. Institut zu Würzburg. T. III, 1877).

(3) On the Anatomy and Histology of the Landplanarians of Ceylan. (Phil. Trans. Royal Society. London, 1874).

(4) Die in Deutschland gefundenen Landplanarien. (Arbeiten des zool.-zoot. Inst. zu Würzburg. T. V, 1879).

rencier de celles qui existent dans le tissu conjonctif du corps. Je partage à leur égard la manière de voir de Lang, de Kennel et de Moseley qui les désignent sous le nom de *Bindegewebszellen*.

Primitivement, le tissu de l'ovaire est dense ; les mailles apparaissent et s'accroissent à mesure que les œufs se développent et approchent de la maturité.

Les œufs ovariens à peu près mûrs sont ovoïdes, et ont leur grand axe parallèle à l'axe longitudinal de la Planaire. Cette disposition apparait avec netteté dans les coupes longitudinales (Pl. I, fig. 13). Ils sont nus. Leur protoplasme (Pl. I, fig. 14, 15 et 17) finement granuleux, est à structure radiaire souvent très manifeste. On n'observe à leur intérieur ni globules réfringents, ni corpuscules se comportant d'une manière spéciale avec les colorants, mais seulement des granulations plasmatiques. Ces œufs peuvent être considérés comme le type des œufs *alécithes*. Nous verrons par la suite qu'ils se comportent comme tels au début de la segmentation. Je ferai cependant observer que, traités par l'acide osmique, ils prennent une très légère teinte girofle ; mais cette teinte est uniformément répandue, de sorte qu'on ne peut pas dire que les œufs des Planaires d'eau douce contiennent des réserves nutritives.

Le noyau est volumineux et renferme plusieurs grains de chromatine qui, à un fort grossissement, paraissent être des pelotons de filaments.

La pénétration du spermatozoïde à l'intérieur de l'œuf se fait dans l'utérus, très certainement pour *Pl. polychroa*, et très vraisemblablement pour *Dendr. lacteum*. A ce moment, il se produit des changements dans la structure de l'œuf (Pl. III, fig. 3 et 4). La disposition radiaire du protoplasme devient moins évidente, mais par contre, si l'on examine avec les lentilles à immersion le noyau, on voit que celui-ci (Pl. III, fig. 3) présente dans plusieurs de ses points une structure radiaire. En outre, les grains de chromatine, qui étaient en nombre variable et de volumes différents, se rassemblent en quatre paquets égaux. Dans la figure 3 (Pl. III) les deux masses chromatiques plus foncées sont celles qui se trouvent au point de la lentille, les deux moins ombrées sont sur un plan un peu inférieur. On voit, dans la même figure, à l'un des pôles du noyau, six vésicules claires qui ont pris naissance dans le protoplasme au point même où on les observe, et qui semblent adhérer au noyau. Ces vésicules sont à peine colorées par le carmin et ont l'aspect de vacuoles renfermant un liquide moins réfringent, moins dense que le protoplasme.

L'œuf de la figure 4 (Pl. III) provient, comme le précédent. d'une coupe de l'utérus de *Pl. polychroa* (Pl. III, fig. 1). Il ne présente pas exactement les mêmes caractères que l'œuf de la figure 3. Le noyau est moins dilaté et ne présente pas de structure radiaire ; la chromatine est condensée en trois masses à peu près égales et présente en outre cinq ou six corpuscules de petite dimension disséminés dans le protoplasme nucléaire. A l'un des pôles du noyau, on observe une seule grosse vésicule claire ayant exactement le même aspect que celles de l'autre œuf, mais pourvue de deux petits grains colorés par le carmin ; enfin au pôle opposé, au milieu du protoplasme, se trouvent deux grains de chromatine entourés d'une auréole claire. Comme ces grains chromatiques ne se rencontrent jamais dans les œufs ovariens en dehors du noyau, ni dans les stades postérieurs à la fécondation, je me demande s'ils ne représentent pas la première ébauche du pronucleus mâle. S'il en était ainsi, on voit que la pénétration du spermatozoïde se ferait par le pôle opposé à celui où se trouvent les vésicules claires.

Chez *Pl. polychroa*, je n'ai pas eu occasion d'observer la fécondation proprement dite. Mais j'ai rencontré plusieurs stades correspondant à ce phénomène chez *Dendr. lacteum*. Je vais les décrire isolément.

Dans cette espèce, les œufs beaucoup plus volumineux que chez *Pl. polychroa*, comme on peut le voir en comparant les figures 3 et 4 (Pl. III) avec les figures 2-4 (Pl. II) qui sont dessinées au même grossissement. Je dois cependant faire observer que la différence de volume est un peu exagérée par suite du traitement différent, auquel les œufs de ces deux espèces ont été soumis, traitement qui est indiqué à l'explication des planches.

L'œuf de la figure 2 (Pl. II) provient d'un cocon ouvert environ dix heures après la ponte. Il est ovoïde : une de ses extrémités est plus obtuse que l'autre, mais toutes deux sont moins colorées que le reste du protoplasme et paraissent constituées par une substance absolument homogène, dépourvue de la moindre granulation. Le protoplasme de l'œuf présente des corpuscules qui sont nettement disposés suivant les méridiens, disposition qui apparaît encore avec plus de netteté dans les œufs non colorés (Pl. III, fig. 33). Au centre de l'œuf se trouve le *pronucleus mâle* et le *pronucleus femelle* dans une position telle que la ligne qui joint leurs centres fait avec l'axe longitudinal de l'œuf un angle d'environ 70°. Ils sont de volume égal, sphériques et moins colorés que le protoplasme ovulaire, mais présentent à la périphérie un réseau de rubans de chromatine. Enfin, un de ces pronucleus est accompagné de trois vésicules claires, tout-à-fait comparables à celles que j'ai signalées plus haut dans des œufs moins avancés de *Pl. polychroa*.

L'œuf de la figure 4 (Pl. II) présente les mêmes caractères que celui de la figure 2. Seulement il ne montre aucune trace des vésicules claires, et la ligne qui joint les centres des pronucleus fait avec l'axe longitudinal de l'œuf un angle d'environ 45°.

L'œuf de la figure 3 (Pl. III) est certainement à un stade plus avancé que les deux autres. Il est plus renflé à l'équateur, l'axe longitudinal étant plus raccourci ; la ligne qui joint le centre des pronucleus fait avec l'axe principal de l'œuf un angle de 90° : les deux pronucleus sont en contact par une large surface et semblent faire corps l'un avec l'autre ; enfin les trois vésicules claires, dont deux sont pourvues chacune d'un corpuscule coloré par le carmin, ne

présentent plus aucune connexion avec les pronucleus et
sont rejetés vers le gros bout de l'œuf. On remarque en
outre que la partie moins colorée de la grosse extrémité de
l'œuf est plus nettement distincte que dans les œufs précédents.

Dans la figure 13 (Pl. II) j'ai dessiné un œuf, entouré de
quelques-unes de ses cellules vitellines, et provenant d'un
cocon ouvert seize heures après la ponte. Cet œuf ne présente plus aucune trace des vésicules claires, et ne possède
qu'un seul pronucleus. Devons-nous conclure de l'examen
de cette préparation que les deux pronucleus se fusionnent
complètement avant la première segmentation ? Cette question a une certaine importance, surtout depuis qu'Ed. Van
Beneden (1) a montré qu'au moins chez l'*Ascaris* les deux
pronucleus ne se fusionnent pas. Je sais bien que cette
absence pourrait être interprétée dans le sens d'une abréviation des phénomènes de la fécondation, et que par suite
elle pourrait bien ne pas constituer un caractère général.
Dans l'espèce, je n'ose résoudre la question, parce que l'œuf
de la figure 13 présente plusieurs caractères que je n'ai pas
rencontrés dans d'autres œufs. Sa forme, irrégulièrement
sphérique. l'excentricité du noyau unique, la structure
radiaire du protoplasme, le retard qu'il présentait dans son
développement puisque les autres œufs du même cocon
étaient pour la plupart au stade 2, toutes ces raisons me
font craindre une anomalie.

Un œuf certainement anormal est celui qui est représenté fig. 32 (Pl. III). Il provient d'un cocon au troisième
jour après la ponte. Tous les autres œufs de ce cocon étaient
à des stades avancés de la segmentation, ils possédaient
20 à 30 blastomères. Lui seul n'avait subi aucune segmentation. Il était entouré de 26 cellules vitellines, soit envi-

---

(1) Recherches sur la maturation de l'œuf, la fécondation et la division cellulaire.
(Archives de Biologie, T. IV).

ron 6 de plus que d'habitude, et il possédait trois noyaux avec rubans **périphériques** de chromatine ; deux de ces noyaux étaient, en outre, pourvus d'un et le troisième de deux gros corpuscules de chromatine. Sommes-nous là en présence d'un cas de fécondation complémentaire ? Une seule chose est certaine : cet œuf avait subi un arrêt de développement ; tout porte à croire qu'il serait resté dans cet état jusqu'au moment où il aurait été avalé par un des jeunes embryons en même temps que les cellules vitellines.

Si nous cherchons maintenant quelle peut être la signification des vésicules claires mentionnées plus haut, nous sommes amenés à les considérer comme homologues de ces formations que Sabatier (1) considère comme caractérisant la période de maturation des œufs. L'élimination de semblables globules, prenant naissance dans le voisinage du noyau, paraît être très générale, et, par suite, bien digne d'attirer l'attention des embryologistes. Comme je l'ai déjà exposé dans un autre travail (2), je ne crois pas que l'interprétation du savant professeur de Montpellier puisse être admise actuellement. Peut-être ces éliminations, que Sabatier distingue en précoces et tardives, ne sont-elles que des produits d'excrétion qui s'accumulent dans tous les organismes et doivent être rejetés au dehors tôt ou tard ? Peut-être n'ont-elles pas plus d'importance que le liquide éliminé par les vésicules contractiles des Protozoaires ? Ce qui est bien certain, c'est que ces formations se présentent sous les apparences les plus extraordinairement variées, et cela, dans des espèces très voisines les unes des autres.

Si l'on compare ma figure 2 (Pl. II) avec celles d'Ed.

---

(1) SABATIER. Contributions à l'étude des globules polaires et des éléments de l'œuf. (Théorie de la sexualité). — (Revue des Sc. nat., septembre 1883 et mars 1884).

(2) P. HALLEZ, Pourquoi nous ressemblons à nos parents. — O. Doin. Paris, février 1886. (Extr. des Mém. de la Soc des Sc. de Lille, 4ᵉ série, T. XV, 1886).

VanBeneden (1), qui représentent, chez l'*Ascaris*, le pronucleus mâle accompagné d'une auréole qui est le corps spermatique, on pourrait être tenté de croire qu'il s'agit là de formations homologues. Dans ce cas, le pronucléus qui, dans ma figure, est accompagné de trois vésicules claires, serait le pronucléus mâle. Je crois, au contraire, que c'est le pronucléus femelle, car ces vésicules existent déjà dans les œufs (Pl. III, Fig. 3) qui n'ont pas encore subi l'imprégnation.

Quant à ce que deviennent ces vésicules claires, il est certain qu'elles disparaissent. Elles n'existent déjà plus dans la figure 4 (Pl. II); dans la figure 3 de la même planche, elles ont gagné la surface de l'œuf; au moment où commencent les phénomènes de karyokinèse, on n'en retrouve jamais trace. Je suppose donc que lorsqu'elles sont arrivées à la périphérie de l'œuf, leur contenu liquide se répand au dehors; ce qui est d'autant plus facile à admettre que l'œuf, à aucune période de son évolution, ne présente jamais la moindre membrane vitelline.

Pas plus que mes devanciers, je n'ai observé de *globules polaires*. Iijima croit que ces formations doivent exister, mais qu'elles disparaissent dans la masse des cellules vitellines. Je ne partage pas cette opinion. Dans les nombreuses observations que j'ai faites, je n'en ai jamais trouvé trace. En supposant même que je n'aie pas eu la chance d'assister à leur formation, je suis bien convaincu que leur présence n'aurait pas pu m'échapper dans les œufs, soit au stade de la conjugaison des pronucléus, soit au stade de la première segmentation, soit aux stades suivants, grâce aux précautions que j'ai prises pour éviter toute cause d'erreur et que j'ai indiquées dans l'exposé de mes méthodes d'observations. S'il est vrai, comme je l'ai dit ailleurs (2), que

---

(1) Ed. Van Beneden. Lot. cit. Pl. XVIII, fig. 4. — Pl. XVIII*bis*. fig. 3. — Pl. XIX*ter*, fig. 7, etc.

(2) P. Hallez, Pourquoi nous ressemblons à nos parents (p. 17, 19 et 20).

les noyaux peuvent être comparés aux *nœuds* ou *points homologues* des corps cristallisés et le globule polaire à un centre principal de symétrie exerçant une action sur l'arrangement des blastomères , et capable de déterminer les trois groupements symétriques que nous observons chez les animaux , savoir : le groupement radiaire avec globule polaire correspondant à l'un des pôles de la sphère, le groupement bilatéral avec globule polaire correspondant au milieu de l'ellipsoïde, le groupement bilatéral avec globule polaire correspondant à l'un des foyers de l'ellipsoïde : si cette conception , dis-je, n'est pas dénuée de fondement, *l'absence du globule polaire ou centre principal de symétrie doit entraîner l'absence de régularité dans le groupement des blastomères.* Or, nous verrons plus loin que c'est précisément ce qui se produit chez les Planaires d'eau douce. A la vérité , le groupement est symétrique et *radiaire* jusqu'au stade huit, probablement par suite d'une action réciproque des noyaux des cellules de segmentation les uns sur les autres , mais au delà de ce stade, cette action n'étant plus suffisante , les blastomères se dissocient.

PHÉNOMÈNES INTIMES DE LA DIVISION.

Je suis persuadé qu'on pourrait arriver à observer, sur un même blastomère, toutes les phases que je vais décrire. En effet, si l'on met un stade 20 ou 30 sur le porte-objet du microscope avec une goutte d'eau, et si l'on couvre la préparation , les cellules de segmentation restent dans leur milieu naturel formé par les cellules vitellines fusionnées, et peuvent ainsi continuer à vivre pendant plusieurs heures. J'ai essayé de remplacer l'eau distillée par de l'eau albumineuse , mais ces préparations m'ont donné des résultats moins satisfaisants que les premières. Dans les conditions d'observation que je viens d'indiquer, les phénomènes de karyokinèse sont tellement lents que je n'ai pas poursuivi mes tentatives. Je me suis borné à dessiner un grand nombre de stades du phénomène dont je vais décrire les principaux successivement, en suivant l'ordre chronologique qui me paraît le plus probable.

Je n'ai pas pu observer la division de la première cellule embryonnaire. J'ai vu cependant des œufs dont les débuts de la segmentation étaient imminents, ils présentaient les deux pronucléus plus fortement conjugués encore que celui de la figure 3 (Pl. II), ils étaient dépourvus de vésicules claires, les granulations protoplasmiques étaient distribuées suivant les méridiens, les deux pôles étaient pâles, et enfin l'axe des pronucléus était perpendiculaire à l'axe principal de l'œuf.

I. — PHASE DE LA FORMATION DES FILAMENTS CHROMATIQUES PELOTONNÉS.

L'état du noyau que j'ai représenté dans les figures 20 et 21 (Pl. III) me parait pouvoir être pris comme point de départ des phénomènes de la division cellulaire. Le protoplasme ne présente rien de particulier ; il est uniformément finement granuleux et contient seulement, dans la figure 20, trois ou quatre petits globules non colorés et d'aspect graisseux qui se rencontrent fréquemment dans les blastomères de ces animaux. Le noyau est bien sphérique, formé en majeure partie de substance achromatique, et pourvu, à la périphérie, de filaments chromatiques, irréguliers, et formant une sorte de réseau. Je n'ai pas pu observer de membrane d'enveloppe ni à la cellule, ni au noyau. La structure du noyau que je viens d'indiquer correspond bien évidemment à la structure des pronucléus mâle et femelle.

A un stade plus avancé (Pl. III, Fig. 23), les filaments de chromatine semblent se condenser, se pelotonner ; ils quittent en même temps la périphérie de la masse nucléaire achromatique à l'intérieur de laquelle ils viennent former des sinuosités. Ces filaments, dont je n'ai pas pu déterminer le nombre, présentent des parties renflées fortement colorées par le carmin et des parties très rétrécies qui se colorent à peine. C'est, sans aucun doute, le *Knauelstadium* de Flemming.

II. — PHASE DU DISQUE ÉQUATORIAL.

La figure 11 (Pl. III) montre un blastomère dans lequel les filaments chromatiques, dont je n'ai pas déterminé le nombre, forment, au centre de la cellule, un disque qui est perpendiculaire au grand axe du blastomère. Ce disque est plongé dans une masse volumineuse, presque achromatique, très finement striée parallèlement au grand axe. Enfin, à la périphérie se trouve le protoplasme cellulaire, qui, pendant tout le temps que durent les phénomènes de karyokinèse, est particulièrement sensible aux colorants.

La figure 10 (Pl. III) représente un stade un peu plus avancé. Les filaments de chromatine constituent encore un disque équatorial. Mais à chacun des pôles de l'œuf s'est constitué un *aster* (Fol) ou une *sphère attractive* (Ed. Van Beneden) (1), au centre de laquelle je n'ai pas vu le corps qu'Ed. Van Beneden désigne sous le nom de *corpuscule polaire*.

III. — PHASE DU FUSEAU CHROMATIQUE.

Je n'ai pas rencontré de stade intermédiaire entre celui de la figure 10 et celui qui est représenté figure 12 (Pl. III). Entre les deux sphères attractives, on voit un fuseau dont l'axe se confond avec celui de l'œuf et qui est formé par huit bandes chromatiques méridiennes. Avec beaucoup d'attention, on peut reconnaître que la substance achromatique intérieure du fuseau présente une structure très finement striée parallèlement à l'axe, comme celle de la

---

(1) ED. VAN BENEDEN. Loc. cit., p. 332.

figure 15. Il me parait évident que les bandes chromatiques, qui sont *constamment au nombre de huit*, proviennent de l'écartement des rubans chromatiques équatoriaux du stade précédent.

A la phase suivante du fuseau chromatique , les huit
bandes s'amincissent progressivement à l'équateur (Pl. III,
Fig. 13). A un certain moment, les huit filets équatoriaux,
devenus très grêles , se colorent à peine par le carmin
(Pl. III, Fig. 8). Enfin, les huit bandes chromatiques se
séparent dans la région équatoriale et se rétractent vers les
pôles, en meme temps qu'on voit apparaître , autour de la
cellule , le sillon de segmentation (Pl. III, Fig. 14). A ce
stade , on voit encore à chaque pôle la sphère attractive,
et, en outre , huit filaments chromatiques raides et divergents. Chacun de ceux-ci représente la moitié d'une des
bandes primitives et n'est plus relié maintenant au fila-
ment correspondant du pôle opposé que par une trainée
achromatique.

La cellule de la figure 5 (Pl. III) est au même stade que celle
de la figure 14, mais légèrement comprimée, de sorte qu'on
ne voit pas le sillon de segmentation. Le protoplasme présente quelques rares gouttelettes graisseuses qui ont été
dessinées. Après traitement par le carmin de Beale (Pl. III,
Fig. 6), le sillon réapparait. On constate, en outre , que,
tandis que le protoplasme périphérique se colore très bien,
la substance centrale, comprise à l'intérieur du fuseau
chromatique, reste claire et se colore à peine.

IV. — PHASE DE LA FORMATION DES NOYAUX FILLES.

A partir du stade que je viens de décrire, l'étranglement
équatorial de la cellule marche rapidement. Les sphères
attractives deviennent de moins en moins nettes, puis disparaissent complètement. En même temps, les filaments de
chromatine perdent leur raideur, il semble que, n'étant plus

tendus par les traînées achromatiques réunissantes, ils tendent à se recroqueviller. La cellule de la figure 15 (Pl. III), qui est vue obliquement, montre très nettement les deux sphères attractives et la disposition radiaire du protoplasme avoisinant, mais déjà les rubans chromatiques sont devenus sinueux. Dans la figure 16 (Pl. III), les asters ont disparu, et à chaque pôle, on remarque une sorte d'auréole claire au sein de laquelle se trouvent les huit rubans sinueux. Les deux auréoles sont réunies l'une à l'autre par une substance présentant les mêmes caractères que celle des auréoles, mais qui montre des filaments très déliés, réunissants. Ceux-ci me paraissent avoir une autre signification que ceux des figures 14, 5 et 6, dans lesquelles les filaments achromatiques, au nombre de huit, paraissent résulter de l'étirement exagéré des huit rubans chromatiques ; on pourrait les désigner sous le nom de *filaments achromatiques réunissant les rubans chromatiques*. Dans le cas de la figure 16, les filaments achromatiques ne paraissent plus avoir aucune connexion avec les rubans de chromatine et semblent résulter de l'étirement de la substance claire du fuseau ou protoplasme médullaire de Flemming : ils correspondent aux *filaments achromatiques réunissant de la plaque cellulaire*. En effet, les deux plaques subéquatoriales que Ed. Van Beneden (1) distingue dans la *Zellplatte* de Strassbürger, sont, dans certains cas, assez nettement accusées, comme on peut le voir dans la figure 18 (Pl. III).

Le blastomère de la figure 9 (Pl. III), qui n'est autre que celui de la figure 18 vu obliquement, montre que les rubans sinueux des noyaux-filles sont disposés comme quatre anses en fer à cheval dont les extrémités sont divergentes. Cette réunion des rubans deux à deux ne paraît pas exister aux phases antérieures ; dans les figures 5, 6,

---

(1) ED. VAN BENEDEN. Loc. cit.

14, 16, notamment, les huit rubans secondaires, qu'on voit
à chacun des pôles, semblent être entièrement indépendants.

Dans la dernière phase de la division (Pl. III, Fig. 30),
les deux noyaux-filles ne sont plus réunis l'un à l'autre par
le moindre lien et sont pourvus de filaments pelotonnés en
nombre variable, comme au stade de la figure 23 (Pl. III),
qui nous a servi de point de départ.

Je n'ai observé qu'une seule fois le cas de la figure 17
(Pl. III), dans lequel les pelotons chromatiques se sont condensés en masses compactes, avant même que la division de
la cellule soit achevée.

Je crois inutile d'insister sur les rapports évidents qui
existent entre les phénomènes de karyokinèse des Dendrocœles d'eau douce et ceux qui ont été étudiés sur d'autres
animaux par des auteurs dont les travaux, sur cette matière,
sont classiques, notamment par Flemming, Strassbürger,
O. Hertwig, Ed. Van Beneden.

LE BLASTOMERE A L'ÉTAT QUIESCENT.

C'est un fait très général pour les œufs de tous les animaux, qu'à la division succède une période de repos.
J'emploie pour désigner les blastomères à cet état l'expression commode d'*état quiescent* que j'emprunte aux travaux
de J.-B. Carnoy (1).

A cet état, les cellules de segmentation présentent toujours
des phénomènes particuliers; le plus constant me paraît
être le relâchement de toute la masse protoplasmique,
entraînant des déformations dans le contour de la cellule,
et quelquefois même un fusionnement apparent de cette

---

(1) J.-B. Carnoy. La Cytodiérèse de l'œuf. (La cellule. T. II et III, 1886).

cellule avec ses voisines, comme je l'ai montré pour les Nématodes (1).

Chez les Planaires d'eau douce, les cellules embryonnaires à l'état quiescent présentent des modifications du noyau qui me paraissent bien remarquables. J'ai montré plus haut (Pl. III, fig. 17) qu'exceptionnellement les filaments de chromatine pouvaient se rassembler en plusieurs masses avant même que la divion fût complète. Ordinairement, dans les cellules récemment divisées (Pl. III, fig. 30), les noyaux-filles sont constitués par une masse claire dans laquelle on observe des filaments pelotonnés en nombre variable. Lorsque la division est terminée, les deux cellules-filles s'éloignent l'une de l'autre, et les filaments pelotonnés se condensent en masses indépendantes dont le nombre et le volume varient beaucoup.

Ces masses chromatiques, qui se colorent avec une intensité extrème par le carmin, sont quelquefois toutes contiguës, et quelquefois au contraire fort éloignées les unes des autres ; mais toujours chacune d'elles est entourée d'une auréole claire se colorant à peine par le carmin et présentant à peu près les mèmes caractères que la substance claire du noyau.

A un fort grossissement, ces masses chromatiques, presque toujours arrondies, paraissent formées, non pas par une subtance homogène, mais bien par des filaments recroquevillés sur eux-mèmes.

Dans la figure 31 (Pl. III) tous les filaments sont condensés en une seule masse. Dans la figure 24 (Pl. III), il existe deux masses contiguës. Les deux masses chromatiques sont éloignées l'une de l'autre, dans la figure 28 (P. III), et entourées chacune d'une auréole claire indépendante, tandis que, dans la figure 29 (Pl. III) les deux auréoles sont

(1) P. HALLEZ. Recherches sur l'Embryogénie et sur les conditions du développement de quelques Nématodes. Paris, O. Doin, 1885. (Mém. Soc. Sc. de Lille, 4e série, T. XV, 1886).

réunies l'une à l'autre par une trainée de substance claire. Dans la figure 26 (Pl. III), on voit quatre masses inégales, entourées chacune d'une auréole propre, mais plongées toutes les quatre dans une substance présentant les caractères de la masse nucléaire. La figure 27 (Pl. III) présente aussi quatre masses avec auréoles plongées dans une substance claire, seulement les quatre masses sont égales et arrondies. La disposition des quatre masses chromatiques de la figure 25 (Pl. III) et de la figure 8 (Pl. II) est assez fréquente : elle est caractérisée par ce fait que les quatre masses chromatiques, pourvues chacune d'une auréole, sont disposées en couronne sur un même plan. Le nombre des masses chromatiques peut être supérieur à quatre : dans la figure 7 (Pl. II), on en compte huit et le noyau a alors un aspect framboisé ; dans la figure 7 (Pl. III) on en voit quatre principales et deux plus petites.

En résumé, nous voyons que dans les blastomères à l'état quiescent, les éléments du noyau peuvent se dissocier. La chromatine constitue des amas dont le nombre est variable, et le protoplasme nucléaire ressemble le plus ordinairement à une portion médullaire de la cellule se colorant avec moins d'intensité que la partie corticale (Pl. III, fig. 7, 26, 27, 29). Dans quelques cas rares, à part l'auréole qui entoure les masses chromatiques (Pl. III, fig. 24 et 28), le protoplasme nucléaire semble avoir disparu.

Il serait bien intéressant de rechercher si un même blastomère présente, pendant la période de repos, successivement les différents aspects que j'ai fait connaître, ou bien s'il ne présente jamais qu'un seul de ces aspects. La manière dont se condensent les filaments chromatiques dans les cellules-filles de nouvelle formation m'a semblé assez variable, ce qui me porte à croire qu'un blastomère ne doit à l'état quiescent présenter que l'un ou l'autre de ces aspects, et non plusieurs successivement. Il y a là de nouvelles recherches à entreprendre.

J'ai représenté à la figure 9 (Pl. II) un blastomère qui

avait été accidentellement déchiré. Cette préparation montre que les cellules embryonnaires n'ont pas à proprement parler de membrane d'enveloppe, mais seulement une couche externe moins colorée par le carmin et passant insensiblement à la couche sous-jacente du protoplasme cortical ; on voit en effet que la couche externe soulevée ne présente pas un contour net du côté interne mais bien une ligne irrégulière. D'ailleurs, on ne voit jamais un double contour à la périphérie des blastomères.

Il reste une question à examiner. Comment se constitue le noyau que j'ai pris plus haut comme point de départ des phénomènes de la division (Pl. III, fig. 20 et 21), et qui est caractérisé par son réseau périphérique de filaments chromatiques ?

Je n'ai pas assisté directement à cette transformation. Je crois cependant que mes figures 19 et 22 (Pl. III) se rapportent à cette phase. La figure 19 montre trois masses nucléaires avec filaments de chromatine ; deux de ces masses paraissent soudées, la troisième est encore indépendante. Dans la figure 22, le noyau présente exactement la même structure que celui des figures 20 et 21 (Pl. III), seulement il est étranglé.

Je ne crois pas qu'on puisse admettre qu'il s'agisse ici d'un phénomène de division nucléaire. Je suppose plutôt que ces différentes parties du noyau sont appelées à se fusionner complètement de manière à constituer l'état du noyau que nous avons observé peu de temps avant le début des phénomènes de karyokinèse. Je crois, en définitive, que les masses chromatiques du noyau à l'état quiescent, lesquelles comme je l'ai dit plus haut, ne sont que des amas de filaments recroquevillés, se gonflent d'abord, de sorte que les filaments redeviennent visibles dans la masse claire du noyau (Pl. III, fig. 19) ; et qu'ensuite les filaments chromatiques gagnent la périphérie du protoplasme nucléaire qui reprend petit à petit sa forme sphérique.

SEGMENTATION,

L'étude de la segmentation n'a pas été l'objet de recherches approfondies de la part de Metschnikoff ni d'Iijima. Quoique mes observations présentent encore bien des lacunes, elles jetteront, je l'espère, quelque lumière sur la question. Tous les détails que je vais donner dans ce chapitre et les suivants concernent plus spécialement *Dendrocœlum lacteum*.

Stade 2. — Les blastomères du stade 2, engendrés par un plan de segmentation perpendiculaire au grand axe de l'œuf, sont égaux (Pl. II, fig. 14). L'écartement que présentent ces deux sphères l'une par rapport à l'autre, pendant la période de repos, n'excède pas celui qu'on observe communément dans les segmentations des œufs d'autres animaux. L'atmosphère granuleuse que j'ai signalée plus haut (voir pages 35 et 36) autour des œufs fécondés, se retrouve autour des deux premiers blastomères et des suivants. C'est toujours dans les premières 24 heures que se produit cette première segmentation.

Stade 4. — Il se forme le deuxième jour, environ 30 heures après la ponte, quelquefois plus tôt. Les deux premiers blastomères ovoïdes et parallèles se divisent suivant un plan perpendiculaire au premier plan de segmentation, et méridien comme celui-ci. On peut voir, par l'examen des figures 6 et 7 (Pl. III), que les deux premières sphères de segmentation ne se divisent pas en même temps : l'une étant encore à l'état quiescent, tandis que l'autre est déjà à un état de division avancé.

Pendant la période de repos qui suit la formation du stade 4, les blastomères (Pl. II, fig. 15) sont très légèrement écartés les uns des autres, disposés en croix, et l'intervalle qui les sépare est rempli par l'atmosphère granuleuse dont j'ai déjà parlé.

Au moment où va commencer la nouvelle segmentation qui doit engendrer le stade 8, les quatre blastomères prennent une forme ovoïde régulière, et sont disposés de telle sorte qu'ils sont tous les quatre parallèles (Pl. II, fig. 16). Ce fait indique clairement que le troisième plan de segmentation sera perpendiculaire aux deux premiers, et par conséquent équatorial.

Stade 8. — Il est formé par huit blastomères égaux, dont quatre appartenant à un pôle sont alternes avec les quatre du pôle opposé (Pl. III, fig. 34).

On voit donc que le mode de segmentation est un des plus réguliers qu'on puisse citer ; c'est celui qui caractérise les œufs alécites.

A la suite de ce stade, la diffluence des cellules vitellines radiaires commence à devenir manifeste. Mais la masse syncytiale qui en est le résultat n'est pas encore assez abondante pour former un milieu autour des blastomères, elle s'infiltre seulement entre chacun de ceux-ci, et au stade suivant elle remplira la cavité de segmentation.

Stade 11. — J'ai représenté ce stade dans les figures 17 et 18 (Pl. II). On voit qu'il constitue une blastosphère dont les cellules présentent à la vérité peu de cohérence entre elles, et ne sont vraisemblablement maintenues en place que par la pression exercée par les cellules vitellines radiaires.

Stade 16. — Ce stade que j'ai observé 51 heures après la ponte et que j'ai représenté dans la figure 19 (Pl. II) d'après une préparation légèrement comprimée, montre encore une disposition générale des cellules qui rappelle la blastosphère. Mais à ce moment la diffluence des cellules vitellines est très active, la masse syncytiale augmente rapidement, et les blastomères, n'étant plus maintenus dans leur position respective par la pression des cellules vitellines, se séparent pour se répandre dans le syncytium nutritif.

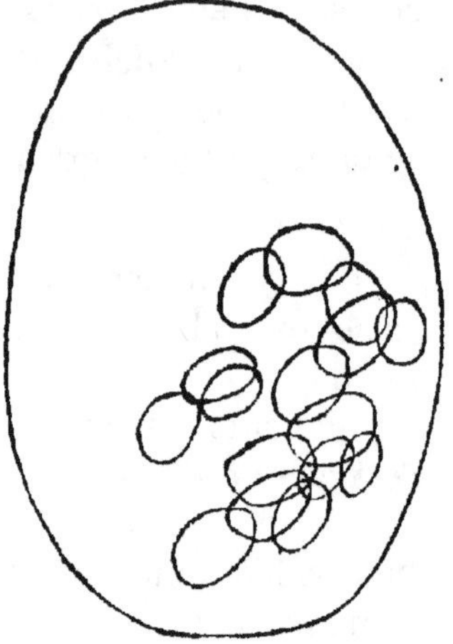

Projection d'un stade 16.

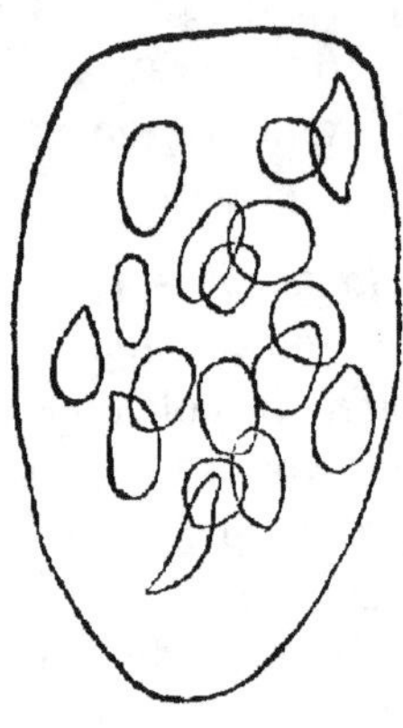

Projection d'un stade 17.

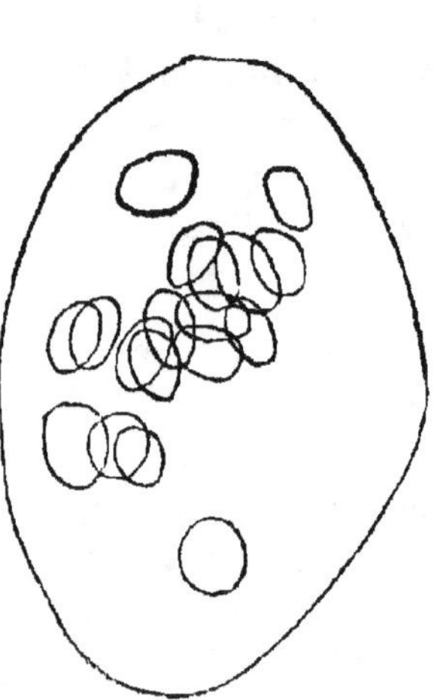

Projection d'un stade 18.

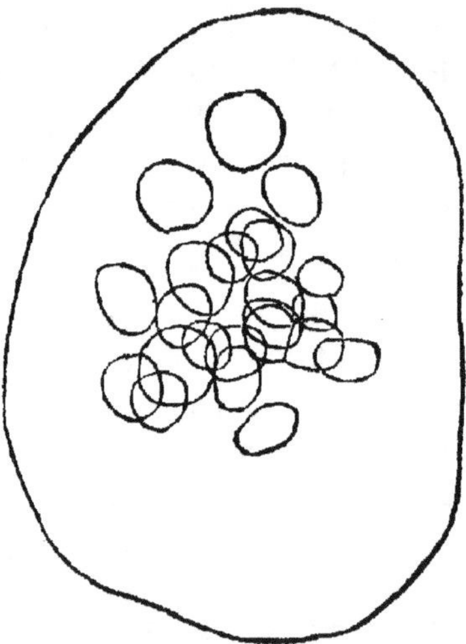

Projection d'un stade 23.

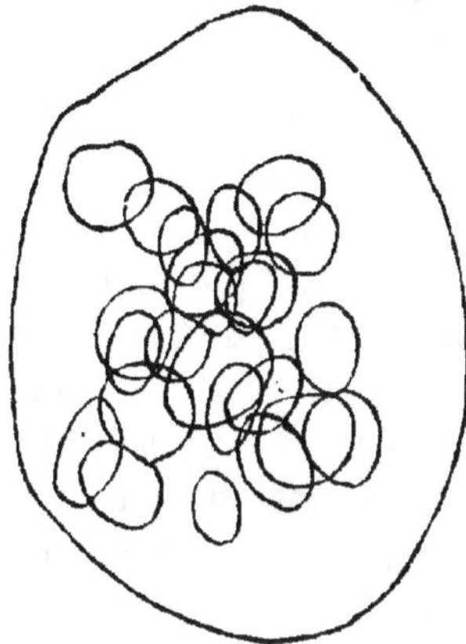

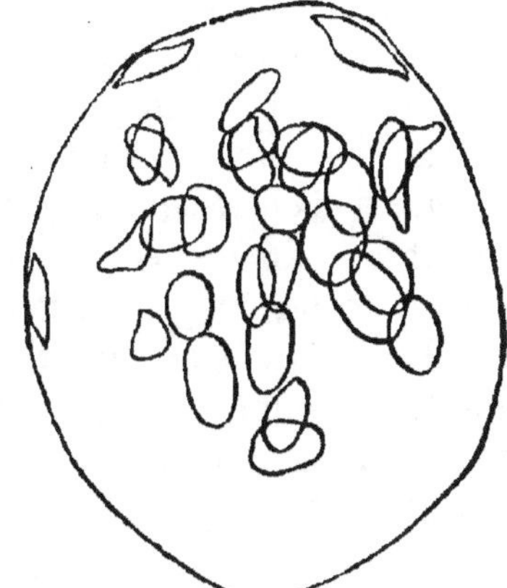

Projection d'un stade 24.   Projection d'un stade 29.

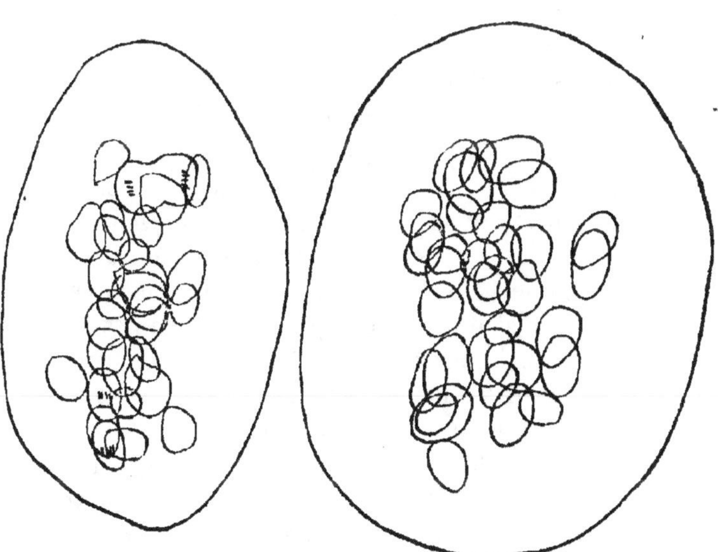

Projection d'un stade 30,   Projection d'un stade 34.

Depuis le stade 16 jusqu'à la formation du pharynx embryonnaire. — A partir du moment où les cellules vitellines ont formé une masse syncytiale autour des blastomères, on ne peut plus faire usage que de la méthode des coupes. Afin de chercher à me rendre compte de la distribution des cellules embryonnaires à l'intérieur du syncytium, j'ai opéré de la manière suivante : j'ai dessiné à la chambre claire toutes les coupes du stade que je voulais étudier, ce qui m'a permis de compter le nombre des cellules de segmentation et celui des noyaux libres des cellules vitellines comme je l'ai indiqué plus haut (voir page 38) ; puis j'ai projeté toutes ces coupes sur un même plan, et j'ai obtenu ainsi une série de dessins que je reproduis ici. Malheureusement je n'ai pas pu réussir à orienter mes coupes, parce que, avant l'apparition du pharynx embryonnaire, on n'a aucun point de repère pour se guider. Cette circonstance enlève certainement de la valeur à ma méthode de projections, qui permet toutefois d'exprimer graphiquement que les blastomères sont distribués très irrégulièrement et, en apparence du moins, sans ordre.

On voit aussi, en jetant un coup d'œil sur ces dessins, que les blastomères sont d'autant plus disséminés qu'ils sont moins nombreux. En examinant avec attention les coupes des stades 16 et 17 dont je donne les projections, on peut reconnaître encore, qu'on a à faire à des blastosphères qui se disloquent. Mais aux stades suivants, on ne voit que des amas très irréguliers et très variables de blastomères, sans qu'il soit possible d'observer rien qui ressemble à des feuillets. Rien, ni dans la distribution, ni dans le groupement, ni dans la structure histologique des cellules, ne peut faire prévoir quels sont les blastomères qui donneront naissance à l'ectoderme, à l'endoderme ou au pharynx embryonnaire. Toutes les cellules paraissent être indifférentes ou d'égale valeur, toutes elles paraissent également aptes à former n'importe quel organe.

Ces projections montrent encore un autre fait intéressant.

On voit en effet, dans la projection d'un stade 29, trois cellules périphériques s'aplatissant à la surface du syncytium nutritif ; ce sont des cellules ectodermiques. C'est la seule fois où j'ai vu une différenciation aussi précoce de l'ectoderme, qui ordinairement ne se constitue qu'au stade de la formation du pharynx embryonnaire.

Il est encore important de noter, qu'outre l'indifférence ou le manque de différenciation des blastomères, l'embryogénie des Planaires d'eau douce nous révèle aussi une irrégularité remarquable dans ce que j'appellerai volontiers le *rhythme de la différenciation*, c'est-à-dire dans l'ordre de succession des différents phénomènes embryologiques.

Après ce que j'ai dit plus haut sur la diffluence des cellules vitellines, il me paraît inutile d'insister beaucoup sur l'opinion de Iijima qui considère la masse syncytiale comme résultant de la métamorphose des blastomères périphériques. D'abord cet auteur n'a pas assisté à la métamorphose dont il parle. Il dit bien qu'avant la formation de la zône périphérique, il compte une vingtaine de blastomères, tandis qu'après il n'en compte plus que quinze environ. Mais cet argument est sans valeur, si l'on se rappelle ce que j'ai dit plus haut, à savoir que la diffluence des cellules vitellines peut se faire plus ou moins rapidement, mais cependant le plus souvent entre les stades 13 et 20, ce qui concorde avec l'observation d'Iijima. Un autre argument que donne cet auteur pour soutenir sa manière de voir, est que la limite entre la couche périphérique et les cellules vitellines environnantes est une ligne vive, tandis que plus tard cette même limite s'efface. Cette observation concorde avec les miennes : la limite est tranchée quand la première série des cellules vitellines radiaires a complètement difflué ; mais quand une nouvelle série de cellules vitellines, venant à la rescousse de la première, s'est disposée à son tour radiairement et adhère à la masse embryonnaire, alors la limite n'est plus nette. D'ailleurs, si Iijima avait fait attention à la structure des noyaux de la couche syncytiale, il aurait déterminé ceux-ci tout autrement qu'il ne l'a fait.

FORMATION DE L'EMBRYON.

C'est ordinairement le quatrième ou le cinquième jour après la ponte, alors que le nombre des blastomères est déjà considérable, que les différentes parties de l'embryon commencent à se différencier.

Afin d'abréger la description des faits que j'ai observés, je passerai successivement en revue chacun des organes qui constituent l'embryon : l'ectoderme primitif, l'endoderme provisoire, le pharynx embryonnaire et les cellules migratrices.

ECTODERME PRIMITIF.

C'est le premier organe qui se différencie. Nous avons vu dans le chapitre précédent qu'exceptionnellement son apparition peut être très précoce, puisque je l'ai constatée au stade 29. Toutefois le plus ordinairement il ne se différencie qu'en même temps que le pharynx embryonnaire et l'endoderme primitif.

Aussi longtemps que l'ectoderme ne forme pas une couche superficielle continue, les cellules vitellines adhèrent fortement à la masse nutritive, de sorte que l'embryon, lavé à l'acide acétique à 2/100, présente l'aspect que j'ai représenté dans la figure 1 (Pl. IV). Mais aussitôt que le revêtement ectodermique est formé, les cellules vitellines n'adhèrent plus à sa surface, et les embryons, lavés à l'acide acétique, ont l'aspect d'une petite sphère blanche (Pl. IV, fig. 16), à surface lisse.

L'ectoderme est constitué par les cellules embryonnaires les plus externes, lesquelles se rapprochent de la périphérie du syncytium nutritif sans cependant émerger à sa surface, comme le figure Metschnikoff (1) ; en même temps elles

---

(1) METSCHNIKOFF. Loc. cit., fig. 14, ec.

prennent la forme d'un ovoïde puis d'un fuseau allongé.

La première phase de la différenciation de la cellule ectodermique est représentée figure 7 (Pl. IV). On voit que cette cellule est ovoîde et qu'elle ne fait pas saillie à la surface du syncytium. La seconde phase est représentée dans la figure 8 de la même planche : la cellule fusiforme s'est aplatie à la surface mais n'a pas encore de prolongements membraneux. Ce mode de formation de l'ectoderme est comparable à celui qu'on observe chez les Trématodes (1), et les Cestodes (2).

L'ectoderme primitif, complètement développé, forme une membrane continue dont il est facile d'étudier la structure en employant le procédé suivant. Si on laisse agir l'acide acétique pendant un certain temps sur un embryon au stade de celui de la figure 16 (Pl. IV) dont le pharynx embryonnaire n'a pas encore fonctionné, l'ectoderme se soulève. On peut alors, en couvrant la préparation, en détacher des lambeaux d'une certaine étendue que l'on colore avec le carmin de Beale. L'ectoderme apparaît alors comme une membrane excessivement mince, faiblement colorée, et présentant de rares granulations ; de distance en distance, on voit des épaississements correspondant à des noyaux qui sont distribués sans ordre. Ces noyaux sont constitués par des masses de chromatine dont le nombre, la forme et le volume varient autant que dans les noyaux des blastomères à l'état quiescent ; ces grains de chromatine sont entourés chacun d'une auréole claire. Enfin on voit dans leur voisinage un amas de granulations semblables à celles qui se trouvent par ci par là dans la partie membraneuse de la cellule. Cet amas de granulations ne peut pas être considéré comme faisant partie du noyau, car il

---

(1) Hugo Schauinsland. Beitrag zur Kenntniss der Embryonalentwicklung der Trematoden. (Zeitschrift für Naturwissenschaft, XVI, N.F IX Bd., 1883).

(2) H. Schauinsland. Die embryonale Entwicklung der Bothriocephalen. (Jena, 1885).

n'est nullement séparé des granulations de la portion membraneuse.

Malgré toutes mes tentatives, je n'ai pas pu arriver à mettre en évidence, des lignes indiquant la limite des cellules. Aucun réactif, y compris le nitrate d'argent qui réussit ordinairement bien pour ce genre de recherches, ne m'a donné le résultat désiré.

L'ectoderme primitif doit en définitive être considéré comme une membrane formée par des cellules embryonnaires considérablement aplaties et soudées entre elles par leurs bords membraneux. Pour des raisons que j'exposerai plus loin, je ne suis pas éloigné de croire, qu'au moment de leur métamorphose, les cellules ectodermiques incorporent une certaine quantité de syncytium nutritif.

L'espace m'a manqué dans mes planches pour représenter un lambeau ectodermique d'une certaine étendue, j'ai dû me contenter de représenter l'aspect que présentent quelques cellules isolées dont la portion membraneuse est déchirée (Pl. II, fig. 10, 11 et 12).

J'ai fait des recherches dans le but de savoir si le nombre des cellules ectodermiques primitives était constant. Pour cela, j'ai compté avec soin le nombre des noyaux ectodermiques de mes coupes. Je sais bien que cette méthode est loin d'être infaillible, parce qu'il y a des noyaux qui peuvent échapper à l'observation ; toutefois, je puis affirmer que le nombre des cellules ectodermiques est essentiellement variable. Ce fait, d'ailleurs, est en rapport avec le mode d'accroissement de l'ectoderme. J'ai constaté en effet que, pendant tout le cours du développement, des cellules migratrices viennent s'aplatir à la surface de l'embryon, et s'y transforment en cellules ectodermiques, de sorte que le nombre de celles-ci s'accroît incessamment. On peut voir dans la figure 11 (Pl. V), une de ces cellules ayant récemment pénétré dans le revêtement ectodermique. Ces phénomènes expliquent pourquoi les noyaux sont irrégulièrement distribués dans la membrane ectodermique ; pour-

quoi leur nombre est variable et de plus en plus considérable à mesure que l'embryon se développe ; pourquoi l'embryon ne crève pas quand, se gonflant de cellules vitellines,
il prendra en quelques heures un volume quatre à dix fois
plus grand ; pourquoi enfin, comme nous le verrons plus
tard, il n'y a pas de mue.

ENDODERME PRIMITIF ET PROVISOIRE.

L'endoderme primitif est toujours apparent quand commence la différenciation du pharynx. On le voit dans la
coupe 5 (Pl. IV) qui est faite immédiatement en arrière de
l'ébauche pharyngienne. Il consiste en quatre cellules (Pl.
V, fig. 1) qu'il serait impossible de distinguer des autres
blastomères, si elles ne présentaient une position déterminée. Ces quatre cellules sont enclavées dans une portion
du syncytium distincte du reste de la masse nutritive. Dans
les coupes longitudinales (Pl. IV, fig. 18, E n), on les voit
formant une masse pleine, située immédiatement en arrière
du pharynx. Un peu plus tard, les quatre cellules s'aplatissent, tandis qu'une cavité se creuse au milieu de la
portion du syncytium différenciée autour d'elles. On peut
voir tous les passages entre le stade de la figure 18 (Pl. IV)
et celui des figures 19 et 17 (Pl. IV). Finalement les quatre initiales de l'endoderme se fusionnent entre elles et
avec le syncytium qui les environnait au début, de sorte
qu'il se forme en arrière du pharynx une cavité *(archenteron)* tapissée par les quatre cellules endodermiques
primitives aplaties à la façon des cellules ectodermiques.
Ici l'incorporation par les cellules endodermiques, de la
portion distincte du syncytium, qui est représentée dans
la figure 1 (Pl. V), est manifeste. Nous verrons encore un
exemple semblable d'incorporation lorsque nous étudierons
la formation du pharynx.

Cette formation de l'archentéron n'avait pas encore été
signalée ; cependant je suis persuadé que Metschnikoff et

Iijima ont vu les initiales de l'endoderme sans comprendre leur signification. Metschnikoff les désigne comme « *innere Zellen des Schlundkopfes* » et les marque par la lettre *d* dans ses figures 19 et 20. Quant à Iijima, il les a dessinées dans ses figures 12 et 14 A, et il dit à leur sujet que « *es sind immer vier Zellen, die in derselben Ebene liegen und das alsbald sich bildende Lumen des Pharynx zwischen sich nehmen* » (1). Dans la figure 15 de son travail, le même auteur représente la cavité de l'archentéron comme creusée au milieu de la masse syncytiale, sans revêtement cellulaire, et il dit à ce propos : « *Die Darmhöle tritt zunächst als eine einfache Höhlung in dem Protoplasma des Embryo am inneren Ende des Lumens des Embryonalpharynx auf.* » (2). Je montrerai d'ailleurs bientôt que Metschnikoff et Iijima ont confondu les initiales de l'endoderme avec les grosses cellules inférieures de la couche interne du pharynx embryonnaire.

Aussi longtemps que le pharynx embryonnaire ne fonctionne pas, l'endoderme et l'archentéron ne subissent aucune modification. Mais quand les cellules vitellines affluent dans la cavité intestinale, celle-ci s'accroît rapidement, et la membrane endodermique, formée seulement par quatre cellules, serait en danger de se rompre, si des cellules migratrices ne se métamorphosaient pour constituer des cellules endodermiques secondaires (Pl. IV, fig. 20 et 21). D'ailleurs, le mécanisme est ici exactement le même que pour les cellules ectodermiques. Il y a cependant une différence : pour l'ectoderme, l'adjonction de nouvelles cellules migratrices ne s'interrompt que lorsque l'ectoderme de l'adulte est définitivement constitué ; pour l'endoderme, l'adjonction de nouvelles cellules migratrices cesse aussitôt que le pharynx embryonnaire n'avale plus

---

(1) IIJIMA. Lot. cit., p. 446.

(2) IIJIMA. Loc. cit., p. 447.

de cellules vitellines, c'est-à-dire aussitôt que la cavité intestinale cesse de croître.

Cet endoderme membraneux est provisoire; il n'a pas d'autre rôle à remplir que d'empêcher les cellules vitellines avalées de se mélanger avec la masse syncytiale et les cellules embryonnaires. Il sera plus tard remplacé par un endoderme définitif.

PHARYNX PROVISOIRE.

La première ébauche de cet organe apparaît en même temps que l'ébauche de l'endoderme provisoire. Quand le pharynx est à peu près formé, on ne compte, dans la masse embryonnaire, pas moins de soixante-dix à quatre-vingts blastomères. Ceux-ci peuvent être divisés en quatre groupes : 1° celui de l'ébauche du pharynx (Pl. 1V, fig. 4) qui comprend approximativement une vingtaine de cellules; 2° celui des quatre cellules endodermiques primitives, *toujours immédiatement en arrière du groupe précédent*; 3° le groupe des cellules migratrices qui, dans l'embryon dont j'ai représenté la projection dans la figure 17 (Pl. IV), sont au nombre de cinquante; ce nombre varie d'ailleurs d'un embryon à un autre; 4° le groupe des cellules ectodermiques qui, au début, ne comprend qu'un nombre très restreint de blastomères.

Comme le mode de formation du pharynx provisoire n'a été jusqu'ici qu'imparfaitement étudié, je crois devoir donner le détail de mes observations sur ce sujet.

La première question à résoudre est celle du lieu de la première apparition. Metschnikoff et Iijima ont reconnu que le pharynx au début de sa formation, est plongé dans la masse syncytiale dont il ne gagne la surface que plus tard, quand les cellules qui le composent sont déjà en partie métamorphosées.

D'après Iijima, ce déplacement de l'ébauche pharyngienne serait effectué par des fibres musculaires spéciales qui disparaîtraient aussitôt que le pharynx aurait atteint la périphérie du syncytium. Peut-être ces muscles jouent-ils ce rôle, mais nous verrons dans un instant qu'ils ne disparaissent pas; ils font partie du pharynx dont ils constituent la couche externe. D'ailleurs il ne faut pas exagérer la distance que le pharynx a à parcourir pour atteindre la surface. Dans l'embryon, au début de la formation du pharynx, dont j'ai représenté trois coupes dans les figures 4, 5 et 6 (Pl. IV), l'organe en question est peu éloigné de la surface; il est loin d'être central comme semble le supposer Iijima.

Tout-à-fait au début de sa formation, le pharynx provisoire apparaît comme une masse solide, constituée par une vingtaine de blastomères environ qui sont enclavés dans une portion distincte du syncytium nutritif. Nous avons vu les quatre cellules endodermiques primitives entourées aussi d'une portion de la masse syncytiale : c'est exactement le même phénomène. Il semble que tous ces blastomères, au moment où ils vont concourir à la formation d'un organe, prélèvent sur la masse nutritive la part dont ils ont besoin pour accomplir leur métamorphose. Le syncytium nutritif, prélevé par les cellules pharyngiennes, forme d'abord une masse indivise, mais bientôt on voit apparaître autour de chaque cellule un espace vide (Pl. V, fig. 2). Ainsi se constitue à l'intérieur de la masse syncytiale du pharynx autant de loges qu'il y a de blastomères. Les espaces vides compris entre la cellule et la paroi de la loge s'accroîtront plus tard par un processus que je ferai connaître : ils sont le point de départ des fentes que Metschnikoff et Iijima ont vues sans reconnaître leur véritable signification.

Pendant que s'accomplissent ces phénomènes, quelques cellules migratrices, qui se trouvent à la périphérie de la masse pharyngienne, se différencient en cellules musculaires. Dans la première phase de cette transformation, le blastomère s'étire un peu à l'une de ses extrémités

(Pl. IV, fig. 12) et en même temps ses granulations protoplasmiques se disposent en séries parallèles dans le sens
de l'allongement. Dans un état plus avancé (Pl.IV, fig. 13),
la cellule musculaire prend la forme d'un fuseau long
dans lequel les séries de granulations sont toujours parallèles au grand axe de la cellule. Ces cellules musculaires
continuent à s'allonger, en s'aplatissant autour de l'ébauche pharyngienne. Ce sont elles qui sont destinées à former
la paroi externe du pharynx : on les voit très bien dans
mes coupes des figures 9 et 10 (Pl. IV). Elles se soudent
entre elles par leurs bords membraneux, et ne tardent
pas à entourer complètement l'ébauche pharyngienne.
Les muscles qui, d'après Iijima, n'auraient d'autre fonction
que d'opérer le déplacement de l'ébauche du pharynx,
ne sont évidemment pas autre chose que ceux que je
viens de décrire. Les prolongements qu'ils envoient dans
la masse syncytiale, et sur lesquels insiste Iijima, n'existent que quand la soudure de toutes les cellules musculaires entre elles n'est pas encore effectuée, et ne sont le
plus souvent que des apparences dues à ce que la partie
étalée, membraniforme de la cellule est coupée obliquement (Pl. IV, fig. 9, 10 et 11). Dans toutes mes coupes,
cette paroi externe, contractile, du pharynx est très visible ; elle est marquée par les lettres *p h. e*; on l'observe
encore avec une grande netteté dans les coupes du pharynx
qui a fonctionné (Pl. V. fig. 5 et 6 p h. e.)

Voyons maintenant comment se forment les deux autres
couches du pharynx, et commençons par la couche moyenne
qui, quand l'organe est complètement développé, est constituée par un tissu aréolaire de cellules anastomosées (Pl.
V, fig. 5 et 6, p h. m).

Nous avons vu plus haut qu'à un moment donné,
l'ébauche pharyngienne était divisée en loges dans chacune
desquelles se trouvait un blastomère (Pl. V, fig. 2). Pour se
rendre compte de la manière dont se fait l'anastomose des
cellules pharyngiennes, il faut faire des coupes longitudi-

nales et des coupes transversales sur des embryons à ce stade. Sur les coupes transversales, on constate que l'espace vide augmente dans les loges. On peut voir sur l'une de ces coupes (Pl. IV, fig. 14), dans le haut de la figure deux loges avec une cellule libre à l'intérieur ; l'espace compris entre la cellule et la paroi de la loge est seulement plus grand que dans la figure 2 (Pl. V). Plus bas, sur la même figure, on voit d'autres loges, dans chacune desquelles se trouve aussi une cellule ; mais celle-ci, au lieu d'être libre à l'intérieur, est aplatie sur une partie de la paroi de la loge, et envoie des traînées protoplasmiques qui traversent la cavité de la loge et vont se fixer de l'autre côté à la paroi. La paroi de la loge à laquelle n'adhère pas le corps cellulaire, est ordinairement limitée par une ligne réfringente (Pl. IV, fig. 14, c).

La coupe oblique, dont j'ai représenté une portion dans la figure 15 (Pl. IV), et qui est faite sur un pharynx un peu plus développé que celui de la figure 14, montre nettement la marche de l'anastomose.

La cellule, aplatie contre une paroi de la loge, fait plus que d'y adhérer, elle fait corps avec elle si bien, qu'on ne voit aucune limite entre le corps cellulaire et la paroi syncytiale. Ici encore, comme dans le cas des cellules endodermiques observé plus haut, les blastomères, au moment où ils se métamorphosent, incorporent une certaine quantité de syncytium nutritif, ou, si l'on aime mieux, se fusionnent intimement avec elle. La fig. 15 montre en outre que les loges se sont considérablement allongées, et que les corps cellulaires, fusionnés avec leurs parois syncytiales, se sont fortement étirés dans divers sens. D'un autre côté, les différents corps cellulaires se sont soudés entre eux, et émettent encore, comme dans la fig. 14, des traînées protoplasmiques à travers les vides des anciennes loges. C'est ainsi que se constitue le tissu aréolaire contractile du pharynx complètement développé (Pl. V, fig. 5 et 6 *ph. m*). Les lignes réfringentes que j'ai marquées de la lettre *c* dans les fig. 14 et 15 (pl. IV) me paraissent être l'origine de fibres anastomotiques qu'on voit sur les pharynx complètement développés et qui présentent les mêmes caractères optiques.

Il me reste maintenant à examiner comment se forment la couche interne et la lumière du pharynx.

Ici, mes observations sont moins précises que pour les deux autres couches. On peut voir sur mes dessins (Pl. IV, fig. 18 et 19 et l'l. V, fig. 3), qu'avant même que la couche moyenne de cellules anastomosées soit achevée, la lumière est déjà largement formée. A ce moment la cavité pharyngienne est tapissée par une couche de cellules imparfaitement transformées en tissu aréolaire. L'anastomose des cellules de la couche moyenne semble donc se faire progressivement de la périphérie vers le centre où la transformation se fait assez tardivement. Dans le pharynx complètement développé (Pl. V, fig. 5 et 6), ou voit que la couche interne *ph. i* est formée par un petit nombre de cellules contractiles, aplaties, et réunies entre elles par leurs prolongements membraniformes. Cette couche est histologiquement très semblable à la couche externe *ph. e*, et les traînées anastomotiques de la couche moyenne *ph. m* s'insèrent d'une part sur la couche interne et d'autre part sur la couche externe. En outre, on remarque que la couche interne *ph. i* se termine par deux cellules *Ph. i* beaucoup plus grosses que les autres. Ces deux cellules sont déjà visibles au stade de la fig. 18 (pl. IV); elles ont été vues par Mestchnikoff et par Iijima qui les ont manifestement confondues avec les cellules initiales de l'endoderme. C'est par suite de cette erreur qu'ils décrivent quatre grosses cellules à la partie inférieure du pharynx, tandis que dans mes coupes je n'en ai compté que deux. Enfin, d'après Iijima, ces cellules auraient pour rôle de fermer l'ouverture interne du pharynx, de manière à empêcher la sortie des cellules vitellines avalées; elles constitueraient donc une sorte de sphincter aussi rudimentaire que possible. Il me paraît évident, d'après l'examen de mes coupes, que la couche interne *ph. i*, ainsi que les deux grosses cellules *Ph. i* qui en font partie, dérive d'une métamorphose particulière de quelques-unes des cellules qu'on voit dans les fig. 18 et 19 (Pl. IV) et dans la fig. 3 (Pl. V).

CELLULES MIGRATRICES.

Après ce que j'ai dit plus haut sur la formation de l'ectoderme et de l'endoderme, je n'ai que peu de choses à ajouter sur les cellules migratrices. Au moment où apparaît la première ébauche du pharynx, elles sont peu nombreuses; mais comme elles continuent à se segmenter, leur nombre s'accroît constamment. Elles sont disséminées au milieu de la masse syncytiale nutritive, mais elles sont surtout abondantes en arrière du pharynx et de l'archentéron (Pl. IV, fig. 6 et 17).

Après que le pharynx embryonnaire a fonctionné, les cellules migratrices continuent toujours à se diviser (Pl. V, fig. 5 et 7), de sorte que leur nombre devient bientôt considérable. En même temps leur volume diminue nécessairement, mais pas autant qu'il devrait le faire si ces cellules ne se nourrissaient pas aux dépens de la masse syncytiale après chaque division.

ACHÈVEMENT DE L'EMBRYON.

Tant que le pharynx provisoire ne fonctionne pas, la cavité de l'archentéron est très réduite (Pl. IV, fig. 17, 19 et Pl. V, fig. 3). Mais aussitôt que cet organe commence à avaler les cellules vitellines qui sont dans son voisinage, le volume de l'embryon s'accroît très rapidement. C'est un phénomène véritablement curieux que celui de ces tout petits embryons se gonflant à la manière d'un petit ballon en caoutchouc, dans lequel on injecterait de l'air. La cavité intestinale augmentant de volume (Pl. V, fig. 4), les parois du corps se distendent considérablement, et leur épaisseur finalement devient très faible (Pl. V, fig. 5 et 7). La rapidité avec laquelle les embryons avalent les cellules vitellines est telle que les embryons, dont le développement a seulement une avance de quelques heures sur celui des autres embryons du même cocon, peuvent déjà avoir atteint un volume considérable quand ceux-ci commenceront à leur tour à avaler des cellules vitellines. De là la grande différence qu'on observe presque toujours dans le volume des embryons d'un même cocon. J'ai, dans plusieurs cocons dont les jeunes étaient sur le point d'éclore, recueilli des embryons qui possédaient encore leur pharynx provisoire et dont l'archentéron était absolument vide ; il est évident qu'ils n'avaient plus trouvé de nourriture à absorber.

En se gonflant ainsi, les embryons, qui primitivement avaient une forme ovoïde (Pl. IV, fig. 4, 5, 6, 17) deviennent sphériques (Pl. IV, fig. 16 et Pl. V, fig. 4).

On peut désigner sous le nom de pôle inférieur le point où se trouve le pharynx provisoire. Quand les embryons sont trop pressés les uns contre les autres, ils peuvent prendre des formes polyédriques qui n'ont rien de constant. Si l'on ouvre un cocon avant que la totalité des cellules vitellines ait été avalée, on voit que chaque embryon est emprisonné dans une loge spéciale formée de cellules vitellines. Plus tard, celles-ci sont avalées à leur tour ; il n'en reste finalement plus dans le cocon.

FORMATION DU PHARYNX DÉFINITIF.

Le pharynx provisoire n'a d'autre fonction à remplir que celle d'introduire les cellules vitellines dans l'intestin de l'embryon.

Aussitôt après, les éléments qui le constituent entrent en dégénérescence. L'ouverture buccale se ferme comme l'ont démontré Metschnikoff et Iijima, et à la place de l'organe qui joue un rôle si important dans la vie de l'embryon, on ne trouve plus qu'un amas de cellules qu'il est impossible de distinguer des autres cellules migratrices, disséminées en grand nombre dans le syncytium nutritif. Ces cellules sont considérées par Iijima comme de, simples noyaux.

Mes observations sur la formation du pharynx définitif concordent avec celles de Metschnikoff et de Iijima. La fig. 13 (Pl. V) représente une partie d'une coupe sagittale d'un embryon au vingt-et-unième jour après la ponte. On voit une petite cavité au milieu de l'amas cellulaire correspondant au point où se trouvait le pharynx provisoire : c'est l'ébauche de la gaîne du pharynx. En arrière, on voit un second épaississement (*mg*) de la paroi du corps également formé par un amas de cellules embryonnaires : il correspond au point où se formera plus tard le cloaque génital. Ce second épaississement est l'ébauche du bourrelet qui doit diviser l'intestin postérieur en deux branches latérales.

La fig. 14 (Pl. V) représente comme la précédente une portion d'une coupe sagittale d'un embryon au vingt-et-unième jour après la ponte. Ici, le développement est un peu plus avancé. La gaîne de la trompe est un peu plus grande que dans la fig. 13, et sur la paroi dorsale et antérieure de cette cavité, on voit un tout petit bourgeon *creux* (*Ph*) qui est l'ébauche du pharynx définitif. Il est intéressant de constater que dès sa première apparition et avant toute espèce de différenciation histologique, cet organe est déjà pourvu d'une lumière.

A un stade plus avancé (Pl. V, fig. 15), ce bourgeon creux a pris un développement assez grand. Il présente déjà la forme générale du pharynx de l'adulte ; mais sa lumière n'est pas encore en communication avec la cavité intestinale et il n'est encore constitué que par des cellules non différenciées.

A mesure que se développent le pharynx et sa gaîne, les cellules qui se trouvent sur toute l'étendue de la surface libre s'aplatissent et constituent un revêtement épithélial qui recouvre et la paroi de la gaîne et les parois externe et interne de l'ébauche du pharynx C'est la première différenciation histologique qui se manifeste.

L'espace m'a manqué dans mes planches pour représenter les autres phases du développement du pharynx définitif. Je vais les indiquer ici brièvement. A mesure que le bourgeon pharyngien s'accroît, sa lumière s'étend davantage en avant, bientôt elle n'est plus séparée de la cavité intestinale que par une mince couche de tissu, et enfin la communication de cette dernière cavité avec la gaîne du pharynx s'établit. L'ouverture buccale ne se perfore que quelque temps après l'éclosion comme l'a montré Iijima.

L'ordre dans lequel s'établissent les différenciations histologiques qui donnent naissance aux différentes couches du pharynx est le suivant. L'épithélium interne et externe se forme à mesure que le bourgeon pharyngien s'accroît, par aplatissement des cellules superficielles. La couche interne formée de fibres circulaires, au milieu desquelles se trouve une rangée de fibres longitudinales, est celle qui apparaît la première. On la voit sur les coupes déjà constituées alors que le reste du pharynx est encore formé de cellules. La couche centrale constituée par des fibres radiaires et des cellules glandulaires apparaît peu après, en même temps que la couche externe qui est formée, comme la couche interne, de fibres circulaires avec une rangée de fibres longitudinales.

CHANGEMENT DE FORME DE L'EMBRYON.

L'apparition du pharynx définitif coïncide avec un changement dans la forme de l'embryon qui a déjà été décrit par mes devanciers, et sur lequel par conséquent je n'insisterai pas. Appelons, dans l'embryon sphérique, pôle oral ou inférieur celui où se trouve le pharynx provisoire, et pôle aboral ou supérieur le pôle opposé. Le changement de forme de l'embryon consiste dans un changement de direction de la ligne qui joint les pôles.

Si l'on suppose cet axe vertical par rapport à un plan horizontal tangent au pôle oral, on voit que, tandis que l'embryon passe de la forme sphérique à la forme aplatie, l'axe vertical prend des positions de plus en plus obliques.

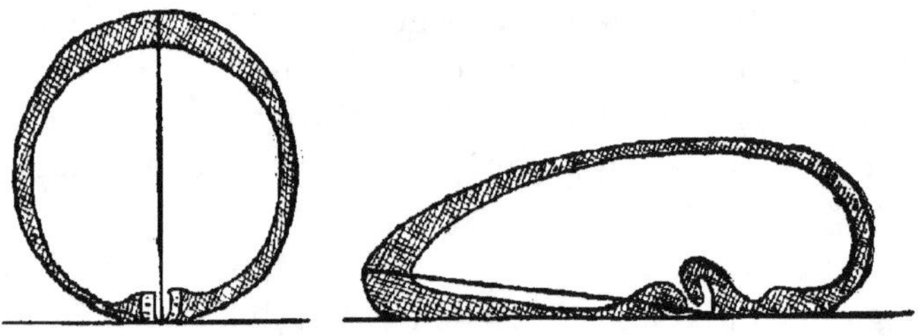

En même temps, l'accroissement marche plus vite dans la direction de cet axe que dans toutes les autres directions, de sorte que la symétrie bilatérale succède à la symétrie radiaire primitive.

FORMATION DE L'INTESTIN DENDROCŒLIQUE ET DE L'ENDODERME DÉFINITIF.

Nous avons vu que la cavité intestinale primitive était tapissée par un revêtement membraneux formé de cellules aplaties. Quand le nombre des cellules vitellines avalées est considérable, on observe sur les coupes des aspects semblables à ceux qui ont été dessinés par Metschnikoff (1) et par Iijima (2), qui pourraient faire croire qu'il n'existe pas de membrane endodermique. On voit en effet des cellules vitellines de l'archenteron en partie enfoncées dans le syncytium nutritif. J'ai observé souvent

---

(1) METSCHNIKOFF. Loc. cit., fig. 26.

(2) IIJIMA. Loc. cit., fig. 18.

ce fait, et je crois qu'il peut s'expliquer simplement par la pression exercée par les cellules vitellines contre les parois de l'embryon. Jamais je n'ai vu de pénétration vraie de cellule vitelline dans la masse syncytiale ; et d'ailleurs, dans beaucoup de cas, la membrane endodermique est nettement visible, malgré sa faible épaisseur. Toutefois, quand l'intestin commence à se ramifier, l'endoderme provisoire disparaît et les cellules vitellines se trouvent directement en contact avec le syncytium qui renferme alors de très nombreuses cellules embryonnaires. Mais l'incorporation des cellules vitellines à l'intérieur du syncytium ne se fait pourtant pas, sans doute parce qu'à ce moment les cellules embryonnaires et le syncytium constituent déjà un véritable tissu.

La forme dendrocœlique de l'intestin résulte de la formation de cloisons qui, partant de la périphérie, se dirigent vers l'intérieur de l'intestin. Ces cloisons se forment d'abord dans la région céphalique : ce fait me paraît avoir une importance que je ferai ressortir plus loin. La figure 8 (Pl. V), qui représente une partie d'une coupe transversale d'un embryon au vingt-et-unième jour après la ponte, montre des cloisons au début de leur formation. On remarque que les cellules embryonnaires qui se trouvent à la surface interne des parois du corps, tapissant par conséquent la cavité intestinale, sont disposées presque partout à côté les uns des autres, et qu'elles sont en même temps un peu plus grosses que les autres cellules migratrices : ce sont les cellules qui doivent constituer l'endoderme définitif.

La figure 9 (Pl. V) représente un stade un peu plus avancé de la formation de l'endoderme définitif. Ici on retrouve par places des lambeaux de l'endoderme primitif (*E n*), soulevé par les cellules endodermiques définitives (*en*) qui sont déjà d'un volume remarquablement plus grand que celui des cellules migratrices non différenciées.

Les cellules intestinales conservent à peu près la forme que je viens d'indiquer jusqu'au moment de l'éclosion.

Alors leur allongement marche plus rapidement, et quelques jours après que la Planaire est sortie de son cocon, elles sont aussi fortement allongées que chez l'adulte (Pl. V, fig. 16).

A cet état, les cellules intestinales absorbent en grande quantité la substance nutritive résultant de la désagrégation des cellules vitellines avalées. Elles perdent alors leur transparence, et deviennent aussi opaques que la réserve nutritive elle-même. Je crois que c'est la grande quantité de matière alimentaire contenue à leur intérieur qui a induit Metschnikoff en erreur.

FORMATTION DES TISSUS DÉFINITIFS.

Nous avons vu plus haut que les cellules migratrices ne cessent de se multiplier par division pendant tout le cours du développement. Au stade de la formation du pharynx définitif et des cloisons intestinales, elles sont très nombreuses et très rapprochées les unes des autres (Pl. V, fig. 15, 8 et 9). Nous avons vu qu'une partie donnait naissance à l'endoderme définitif, et qu'une autre concourait au renforcement de l'ectoderme dont les cellules deviennent ainsi de plus en plus nombreuses, de plus en plus serrées. Le reste des cellules migratrices sert à former les fibres musculaires des téguments, les cellules du parenchyme du corps et tous les autres organes de l'adulte. En s'allongeant elles se transforment en fibres musculaires ; en se ramifiant et s'anastomosant entre elles, elles constituent les cellules du reticulum conjonctif.

Quant à la masse syncytiale non utilisée, elle devient de plus en plus homogène. Des vacuoles remplies de liquides apparaissent dans son sein (Pl. V, fig. 10), et lui donnent un aspect aréolaire. Elle contribue à la formation du reticulum conjonctif qui enveloppe tous les organes. C'est elle notamment qui paraît constituer la fine couche homogène qu'on observe autour de la plupart des organes, et qui est désignée, suivant les auteurs, sous les noms de tunica propria, de capsule d'enveloppe, de basementmembrane, etc. Cette couche particulière est notamment dessinée dans la fig. 16 (Pl. V,) à la base des cellules intestinales.

Les bâtonnets ou organes urticants prennent naissance dans des cellules du reticulum conjonctif. Dans la fig. 12 (Pl. V) qui représente une partie d'une coupe transversale d'une jeune Planaire sur le point d'éclore et qui était mobile à l'intérieur de son cocon, on voit que ces corps se forment dans des cellules spéciales. Chacune de ces cellules contient trois bâtonnets.

FORMATION DU CERVEAU ET DES ORGANES DES SENS.

De même que Metschnikoff et Iijima, je n'ai pas vu l'origine ectodermique du cerveau. Cet organe, de même que tous les autres, m'a paru se différencier sur place aux dépens des cellules migratrices.

Dans une coupe sagittale d'un embryon au stade de la formation du pharynx définitif (Pl. V, fig. 17), j'ai vu dans la région céphalique un amas de cellules un peu plus fortement colorées que je considère comme l'ébauche du cerveau.

Je n'ai pas d'observation sur la première apparition de l'œil. L'œil que j'ai observé sur des embryons quelque temps après l'éclosion était déjà très bien développé (Pl. V, fig. 18).

Je n'ai pas pu suivre davantage le développement des troncs nerveux longitudinaux. Je crois qu'ils se différencient, comme le cerveau, au sein du reticulum conjonctif. J'ai cru cependant devoir reproduire une coupe transversale d'un tronc nerveux un peu au-dessus de la région pharyngienne (Pl. V, fig. 19). Cette coupe montre, sur la face inférieure et interne du nerf longitudinal, un amas de cellules ganglionnaires qui n'a pas encore été signalé, et qui constitue peut-être un centre spécial au pharynx.

RÉGÉNÉRATION DES PARTIES MUTILÉES.

Le fait que les Planaires peuvent régénérer les parties de leur corps enlevées par traumatisme, et que les portions détachées elles-mêmes sont susceptibles de se compléter et de constituer un individu nouveau, est parfaitement établi depuis les remarquables travaux de Pallas, Draparnaud, Moquin et surtout de Dugès. Les expériences de ces observateurs ont été répétées depuis dans beaucoup de laboratoires et sont devenues classiques.

Dugès (1) a parfaitement résumé ses observations sur la question dans la phrase suivante : « Coupée, déchirée dans tous les sens, une Planaire continue à vivre, à se mouvoir, à sentir dans chacun de ses fragments principaux, qu'ils proviennent des régions médianes ou latérales, antérieures ou postérieures ; et, chose à mon sens bien remarquable, chaque lambeau, fût-ce même le bout de la queue, commence, aussitôt que le premier moment de douleur et d'irritation est passé, à marcher dans la direction même que suivrait le corps entier de l'animal, c'est-à-dire, de la tête à la queue ; comme si toute molécule nerveuse, ou du moins tout agrégat de ces molécules, était orienté, polarisé à l'instar du système total ; ou, ce qui revient au même, comme si la polarisation de tout le système ne dépendait que de la polarisation particulière de chaque molécule nerveuse »

Je crois inutile de parler ici des expériences que j'ai faites moi-même sur cette question, le but que je poursuivais n'était pas de contrôler des résultats bien établis, mais d'étudier des phénomènes d'histogénèse qui se produisent pendant le travail de la régénération, afin de les

---

(1) Dugès, Recherches sur l'organisation et les mœurs des Planariées, p. 146. (Ann. Sc. nat., 1ʳᵉ série, T. XV, 1828).

comparer avec les phénomènes embryogéniques. Toutefois je donne ici les croquis d'un cas de régénération qui me paraît intéressant.

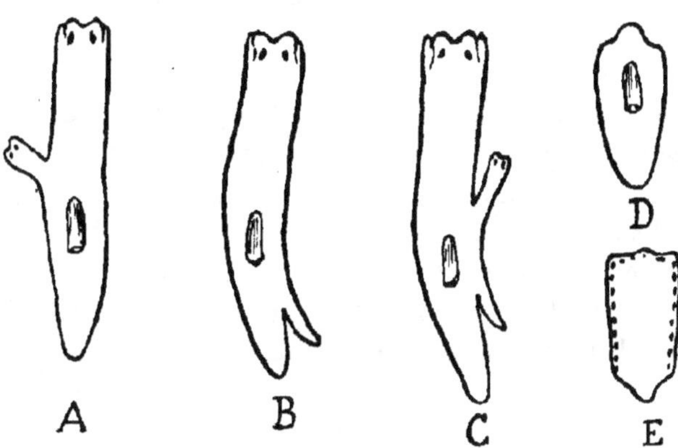

Ii suffit de jeter les yeux sur les trois figures A, B et C, pour voir dans quelles circonstances les lambeaux incomplètement sectionnés prennent les caractères d'une tête ou d'une queue. Ce ne sont là en définitive que des cas particuliers de cette expérience de Dugès, que j'ai répétée aussi et qui consiste à enlever une portion latérale du corps d'une planaire : on sait qu'alors la portion amputée se complète en conservant son orientation primitive. Dans le cas représenté dans la figure C, j'ai vu que lorsque les deux segments, tête et queue, n'adhéraient à l'individu-mère que par une surface restreinte, ils pouvaient se séparer spontanément de celui-ci et former un individu indépendant.

Le procédé que j'ai suivi pour étudier les *phénomènes d'histogénèse qui se produisent pendant la régénération*, consiste à couper des Planaires transversalement. Au bout d'un temps qui est plus ou moins long suivant que la température est basse ou élevée et le volume du segment petit ou grand, on voit se former sur la surface de section un bourgeon qui se développe peu à peu et qu'on peut étudier par la méthode des coupes. La figure D représente l'extrémité caudale d'un individu de *Planaria polychroa* avec le bourgeon qui doit reconstituer une tête, et la figure E est l'extrémité céphalique d'un individu de *Polycelis nigra* avec son bourgeon caudal.

Les coupes faites à travers des bourgeons peu développés ne montrent qu'un tissu embryonnaire tout-à-fait analogue à celui qui constitue le corps de l'embryon au stade de la formation du pharynx définitif (voir les figures 8, 9, 13 et 14, Pl. V); les cellules de ce tissu ne sont pas adjacentes, mais séparées par une mince couche de substance finement granuleuse qui présente tous les caractères du syncytium nutritif des embryons. Les cellules superficielles sont celles qui se différencient d'abord, elles s'aplatissent pour constituer l'épiderme, et celui-ci s'accroît rapidement par l'adjonction continue de nouvelles cellules.

Les cellules et les cloisons intestinales, ainsi que le pharynx se forment exactement de la même manière que chez l'embryon.

Le cerveau et les yeux prennent naissance directement aux dépens des cellules du tissu embryonnaire, qui en se métamorphosant, engendrent également les fibres musculaires, les cellules du tissu conjonctif et les autres éléments histologiques différenciés.

En résumé les phénomènes de la régénération sont essentiellement les mêmes que ceux que nous avons vus dans l'embryogénie. Zacharias (1) a étudié aussi, par la méthode des coupes, la formation du pharynx sur des individus de *Planaria subtentaculata* formés par division transversale spontanée, et il dit que le mode de formation de cet organe est identique à celui que Iijima a fait connaître dans son travail sur l'Embryogénie de Dendr. lacteum.

---

(1) O. ZACHARIAS Ueber Fortpflanzung durch spontane Quertheilung bei Süsswasser planarien. (Zeitsch. für wiss. Zool. T. XLIII, 1886, p. 271-275, et Zool. Anzeiger, N° 209. 1885).

Ainsi donc, dans tous les cas, les phénomènes d'organo-génèse et d'histogénèse sont essentiellement les mêmes.

ORIENTATION DE L'EMBRYON.

Les coupes longitudinales de l'ovaire (Pl. I, fig. 12, 13 et 14) montrent clairement que les œufs, surtout lorsqu'ils approchent de la màturité, ont leur axe principal parallèle à l'axe longitudinal de la mère. Malheureusement aucun caractère ne permet de reconnaitre le pôle antérieur du pôle postérieur de l'œuf mûr sorti de l'ovaire. Pour cette raison je ne puis déterminer auquel de ces deux pôles apparaissent les trois vésicules claires, dont j'ai parlé plus haut, et qu'on observe dans l'œuf pendant que s'accomplissent l'imprégna-tion et la fécondation.

D'un autre côté, l'absence de globules polaires ; l'indé-pendance des cellules de segmentation les unes par rapport aux autres ; leur dissémination, au moins en apparence indifférente, au sein de la masse nutritive ; leur différencia-tion tardive et la facilité avec laquelle elles paraissent pou-voir se suppléer les unes les autres comme le prouvent aussi bien les phénomènes du développement que ceux de la régénération ; toutes ces raisons sont cause qu'il est bien difficile de résoudre la question de l'orientation de l'em-bryon, c'est-à-dire de déterminer les relations qui existent entre les axes correspondants chez l'individu procréé et chez le procréateur.

Il est bien certain toutefois qu'une loi préside ici, comme dans toutes les autres classes du règne animal, à l'orientation de l'embryon. Je n'en veux pour preuve que ce simple fait d'observation, signalé plus haut, à savoir que les embryons dans le cocon sont disposés suivant les méridiens et que toutes les têtes sont dirigées vers le même pôle.

A la vérité je n'ai pas pu déterminer par l'observation directe, si l'orientation de l'embryon était la conséquence de l'orientation de l'ovule dans l'ovaire, si en d'autres termes, la loi établie par Leuckart (1) et à laquelle j'ai cherché à donner une plus grande précision (2) était applicable aux Dendrocœles d'eau douce.

Mais si nous tenons compte des notions importantes qui nous sont fournies par l'étude de la division transversale spontanée et surtout par les expériences aussi nombreuses que variées faites sur la régénération des parties mutilées, je ne crois pas qu'on puisse conserver le moindre doute sur la question.

CONCLUSIONS.

Plusieurs conclusions se dégagent des faits qui sont exposés dans ce travail. Ce qui me frappe tout d'abord, c'est l'état d'indifférence des divers blastomères : tous sont semblables, tous sont également aptes à concourir à la formation de n'importe quel organe. Quelle étonnante différence avec ce qui se passe chez les Nématodes où chaque blastomère occupe une position absolument fixe et a une destination nettement déterminée ! D'un côté, l'œuf segmenté est un organisme dont toutes les parties, dont tous les organes sont déjà visibles ; de l'autre, l'œuf segmenté ressemble à une colonie d'êtres unicellulaires indépendants et vivant en parasites au sein d'une masse protoplasmique. Le cas des Dendrocœles d'eau douce est l'antipode de celui des Nématodes !

A quoi tient cette différence ? Peut-on admettre qu'elle

---

(1) Rud. Leuckart. Ueber die Micropyle und den feinern Bau der Schalenhaut bei den Insekteneiern. (Müllers's Archiv für Anat. und Physiolog , 1855).

(2) P. Hallez. Loi de l'orientation de l'embryon chez les Insectes. (Comptes-rendus Ac. Sc., 4 octobre 1886).

résulte uniquement de ce que l'embryogénie des Planaires d'eau douce est très condensée ? Cette expression de *condensation des phénomènes ontogéniques* est, il faut bien le reconnaître, dans beaucoup de cas, dépourvue d'une signification précise, en ce sens que la cause de l'abréviation ou de la suppression d'un ou de plusieurs stades nous échappe. Sans vouloir me lancer dans l'examen d'une question générale, ce qui, à mon avis, doit toujours être évité dans un mémoire traitant d'un sujet spécial, je ne puis cependant pas me dispenser de rappeler la relation bien connue qui existe entre la nature de l'œuf et son mode de segmentation, duquel dépend le mode de formation de la gastrula. Relativement à leur nature, les œufs sont divisés en alécithes, télolécithes et centrolécithes. A ces trois classes j'ai déjà proposé d'en ajouter une quatrième, celle des œufs *bradylécithes* (1). Les œufs des Dendrocœles d'eau douce peuvent être considérés, ainsi que je l'ai dit plus haut, comme des types d'œufs alécithes ; ils ne sont pourtant pas privés de matière nutritive, puisque les cellules vitellines leur constituent une épaisse couche de deutoplasme qui les enveloppe. On peut, à cause de cette remarquable séparation des éléments nutritifs, en faire une cinquième catégorie sous le nom d'œufs *ectolécithes*. Cette division particulière me parait d'autant plus justifiée qu'elle correspond à un mode de segmentation à coup sûr très spécial. Les blastomères se trouvent tous également plongés dans un milieu nutritif abondant, ils y vivent à la façon des parasites, s'y multiplient d'autant plus que la masse syncytiale est plus considérable, absorbant après chaque division la quantité de nourriture dont ils ont besoin pour se diviser encore. De là résultent les différences parfois considérables qu'on observe entre les divers embryons ; de là la variabilité du nombre des cellules migratrices au moment de la forma-

---

(1) Recherches sur l'embryogénie des Nématodes, p. 34 et 56.

tion du pharynx provisoire ; de là l'irrégularité dans l'arrangement des blastomères ; de là aussi *peut-être* l'inutilité et l'absence des globules polaires ; de là la même forme et la même structure pour tous les blastomères. En résumé je crois que le développement en quelque sorte anomal des Planaires d'eau douce tient aux conditions particulières de distribution du deutoplasme nutritif.

Une deuxième question qui se pose est celle des feuillets.

Si nous exceptons les quatre cellules endodermiques primitives, qui correspondent vraisemblement à l'endoderme primitif des Dendrocœles digonopores marines, la distinction des blastomères en feuillets est bien difficile. Nous avons assisté à la formation de l'ectoderme, et nous avons constaté que ce feuillet, même au début, est formé par un nombre variable de cellules, nous avons vu en outre que ce nombre va sans cesse en augmentant pendant tout le cours du développement, et cela, non pas par multiplication des cellules ectodermiques primitives, mais par adjonction continue de nouvelles cellules périphériques. Il n'existe donc pas de cellules ectodermiques initiales disposées en une seule couche comme chez les Polyclades; si un épiderme se constitue à une certaine époque autour de l'embryon, c'est, il me semble, un phénomène purement physiologique, *résultant de cette tendance qu'ont les cellules à s'aplatir ou à s'aligner en épithelium sur toutes les surfaces libres*. Le mode d'accroissement de l'endoderme provisoire est exactement le même.

Dès lors où sont les feuillets ? En tant que différenciations morphologiques constituant des strates distinctes dès le début, ils n'existent pas. Cela est tellement vrai que les cellules migratrices deviennent indifféremment cellules ectodermiques ou endodermiques, et qu'elles sont en définitive le point de départ de la formation de tous les organes, entre autres du système nerveux, du pharynx, des cellules intestinales et des organes de la reproduction. Si l'on voulait chercher à comparer le mode de formation de l'embryon de nos Planaires avec les différents modes connus de formation de la gastrula, on serait je crois amené à admettre une délamination tardive, irrégulière et secondaire.

J'ai employé, dans le cours de ce travail, les expressions ectoderme et endoderme parce que ces deux couches, qui tapissent les deux surfaces libres de l'embryon, peuvent être considérées comme correspondant à celles qui reçoivent le même nom chez les autres animaux, quelles que soient d'ailleurs les différences qu'elles présentent dans leur mode de formation. Au contraire je n'ai pas voulu employer l'expression de mésoderme, parce qu'il m'a semblé que les cellules migratrices ne peuvent être rapprochées que des cellules du tissu interstitiel ou pseudo-mésoderme des Cœlentérés, la masse syncytiale nutritive représentant, dans ce cas, la masse gélatineuse transparente. Je partage en un mot l'opinion de Kowalevsky et Marion (1); comme ces deux savants je ne puis identifier la lamelle fondamentale des Cœlentérés avec le mésoderme des Cœlomates, et je crois, pour des raisons que j'exposerai dans le chapitre suivant, que le reticulum conjonctif des Dendrocœles d'eau douce est homologue de la substance gélatineuse des Cœlentérés.

En résumé nous pouvons concevoir le développement des Planaires d'eau douce de la manière suivante : tendance vers la formation d'une blastosphère, bientôt détruite par la dissémination des blastomères au sein de la masse nutritive ; formation d'une masse embryonnaire muruliforme qui se délamine en une couche externe ectodermique, en une couche interne formée de quatre cellules endodermiques primitives, qui pour moi a une grande importance, et en une couche intermédiaire constituée par des cellules éparses. C'est aux dépens de cette couche intermédiaire que se forment toutes les parties de l'embryon, y compris le pharynx provisoire, ainsi que tous les organes de l'adulte.

---

(1) KOWALEVSKY et MARION. Documents pour l'histoire embryogénique des Alcyonaires. (Annales du Musée d'hist. naturelle de Marseille. T. 1, 1883).

Comme chez les Cœlentérés, nous ne trouvons ici que les deux feuillets primitifs, ectoderme et endoderme, séparés par une épaisse couche conjonctive ; seulement cette couche intermédiaire qui dépend de l'ectoderme existe déjà quand s'opère la différenciation des deux feuillets, tandis que chez les Cœlentérés, la substance gélatineuse qui lui correspond n'apparait qu'après que les deux feuillets primitifs sont déjà constitués.

Enfin, quelques faits intéressants au point de vue de l'histoire de la cellule peuvent être relevés dans les chapitres précédents. Je me contente de rappeler ici le clivage de la masse syncytiale nutritive autour des blastomères au moment de leur différenciation histologique, comme je l'ai signalé particulièrement en exposant la formation de l'archentéron et la métamorphose des cellules anastomosées du pharynx provisoire.

AFFINITÉS DES TURBELLARIÉS.

Quel rôle désastreux joue dans la
science la manie de vouloir deviner la
nature au lieu de l'étudier, et combien
ce qu'on imagine ainsi, à peu de frais,
est au-dessous de la vérité conquise
par l'observation.

FAYE.

Assurément le développement des Dendrocœles d'eau
douce se fait dans des conditions spéciales de nutrition des
blastomères, qui apportent de profondes perturbations dans
la succession des phénomènes ontogéniques. Leur embryogénie est ce qu'on est convenu d'appeler une embryogénie
condensée, et partant, on pourra m'objecter qu'on ne doit en
tirer, qu'avec une extrême réserve, des indications pour la
détermination des affinités de ces animaux.

Ma conviction est que, dans tous les cas, on doit être très
prudent en semblable matière ; car, quelle que soit la
rigueur de nos raisonnements, nous nous lançons, malgré
nous-mêmes, dans le domaine de la spéculation, nous cherchons à « deviner la nature », nous cessons de l'observer
« pour nous livrer aux élans fantastiques de notre imagina-
tion », selon l'expression de Lamarck (1) qui nous avertit
qu'alors « les résultats de nos efforts ne seront que des
erreurs ». Et cependant quel est l'homme qui, après avoir
terminé un travail, ne cherche pas à voir au-delà des faits ?
Ses tentatives sont légitimes et peuvent être utiles s'il rai-

---

(1) LAMARCK, Phil. zool.

sonne sans parti pris et s'il est toujours prêt à abandonner ses conceptions ou à les modifier à mesure que la science fait des progrès.

L'embryogénie des Dendrocœles d'eau douce est condensée, et cependant nous trouvons les quatre cellules endodermiques primitives. C'est une indication précieuse. Elle nous démontre que l'abréviation du développement n'est pas allée jusqu'à la suppression d'un stade dont l'utilité n'est pas frappante puisque nous avons vu qu'un nombre illimité de blastomères concourt en définitive à la formation de l'endoderme larvaire. La présence des quatre cellules initiales de l'endoderme, que nous retrouvons chez d'autres Turbellariés et dans beaucoup d'autres groupes, a donc bien une valeur morphologique.

Ne pouvons-nous pas conclure de ce fait que, si nous ne trouvons aucune trace d'un feuillet mésodermique vrai, c'est-à-dire dérivant de l'endoderme par un processus analogue à celui qui a donné naissance à l'ectoderme, c'est qu'apparemment les types primitifs de nos animaux n'en avaient point. Car pourquoi ce feuillet moyen qui joue, dans l'économie des Dendrocœles d'eau douce, un rôle autrement prépondérant que l'endoderme, aurait-il disparu plus vite que ce dernier ?

D'un autre côté il paraît établi que c'est dans le groupe des Turbellariés qu'apparaît pour la première fois le feuillet mésodermique proprement dit. En effet d'une part ce feuillet existe dans les genres *Eurylepta*, *Prostheceraeus*, *Leptoplana* (1), *Discocelis* (2), tandis qu'il fait défaut dans le genre *Stylochus* (3), que Lang place précisément à la base de son groupe des Polyclades acotylés. Il n'y a donc aucune difficulté à admettre comme primitive, chez les

---

(1) P. Hallez. Contributions à l'hist. nat. des Turbellariés. — Selenka. Zur Entwick. der Seeplanarien.

(2) Lang. Die Polycladen. (Seeplanarien) — (Fauna und Flora des Golfes von Neapel.)

(3) Götte. Untersuchungen zur Entwickelungsgeschichte der Würmer.

Dendrocœles d'eau douce, l'absence du feuillet mésodermique.

L'embryogénie de *Discocelis tigrina*, étudiée par Lang, présente sous ce rapport un intérêt particulier. Les quatre gros blastomères, après avoir donné naissance aux quatre cellules initiales de l'ectoderme, engendrent chacun deux cellules initiales du mésoderme ; de sorte que finalement il existe huit cellules initiales du feuillet moyen. Celles-ci ne se casent pas d'emblée entre l'ectoderme et l'endoderme, mais restent à la périphérie de la calotte ectodermique, formant ainsi une ceinture parallèle à l'équateur de l'œuf. Ce n'est que plus tard, par suite de la prolifération des cellules ectodermiques, qu'elles viennent former un feuillet distinct, le mésoderme. Lang s'appuie sur ces faits pour établir un parallèle entre l'embryogénie des Cténophores et celle des Polyclades. On sait que chez les premières, des cellules ectodermiques immigrent dans la substance gélatineuse, et que cette immigration continue encore après le développement embryonnaire. Lang compare la descente des cellules mésodermiques de Discocelis, lorsqu'elles viennent s'intercaler entre les deux feuillets primitifs, à l'immigration des cellules ectodermiques des Cténophores, et par suite il considère le mésoderme des Polyclades comme homologue du tissu gélatineux des Cténophores.

Je ne puis pas partager cette manière de voir. Le cas de Discocelis n'a rien d'anormal. D'abord on ne peut pas dire que les cellules mésodermiques quittent un plan supérieur pour en occuper un autre intermédiaire, on ne peut pas dire qu'elles *descendent* (sie senken sich unter die Ectodermschicht ein) (1). Je n'ai pas observé le cas de Discocelis, mais j'en ai observé beaucoup d'autres, et toujours j'ai vu que les cellules mésodermiques prennent leur place entre l'ectoderme et l'endoderme par suite de la proliféra-

____

(1) Lang. Loc. cit., p. 660.

tion des cellules ectodermiques qui les *recouvrent* progressivement. Ce processus n'est d'ailleurs pas propre au mésoderme. D'une manière générale, le développement d'un
feuillet est d'autant plus rapide qu'il est plus extérieur par
la raison toute simple qu'un feuillet enveloppant, présentant une plus grande surface que les feuillets enveloppés,
doit produire un plus grand nombre d'éléments pour former
une couche continue. L'*enveloppement* des feuillets internes
est la conséquence de l'extension du feuillet externe. L'observation démontre que le développement de l'ectoderme
est plus rapide que celui du mésoderme et que ce dernier
marche à son tour plus vite que l'endoderme. Chez les
Nématodes où les deux cellules sexuelles initiales se déta-
chent du mésoderme, on les voit pendant un certain temps
sur le même plan que les deux bandes mésodermiques, et
ce n'est que par suite du développement continu des deux
rangées de cellules mésodermiques, qu'*elles sont débordées*
par celles-ci et forment une quatrième strate entre le mésoderme et l'endoderme (1).

Si chez Discocelis l'enveloppement des cellules mésodermiques est plus tardif que chez Leptoplana, par exemple,
cela paraît résulter uniquement de ce que la prolifération
des cellules ectodermiques est au début peu active, relativement à la prolifération des cellules mésodermiques.

Tous les embryologistes sont, je crois, d'accord pour
considérer les cellules mésodermiques de Discocelis comme
parfaitement homologues des cellules mésodermiques de
Leptoplana, des Nématodes, des Mollusques, etc. Ceci
admis, il me paraît bien difficile d'établir un rapprochement
morphologique entre le feuillet nettement défini des Polyclades et les cellules ectodermiques qui immigrent à jet continu
dans la substance gélatineuse des Cténophores et des
Cœlentérés proprement dits.

---

(1) P. Hallez. Nouvelles études sur l'embryogénie des Nématodes. (Comptes-
rendus Ac. des Sciences, 21 février 1887).

Si nous admettons avec Marion et Kowalevsky (1), Lang (2)
et d'autres encore que le mésoderme solide des *Pseudocœliens* des frères Hertwig est homologue du mésoderme des
Enterocœliens des mêmes auteurs ; si nous admettons
d'autre part, que le pseudomésoderme des Cœlentérés et
les « Cutiszellen » des Echinodermes sont des différenciations ectodermiques homologues, comme c'est l'avis
notamment de Hensen, (3) de Kowalevsky et de Marion
(4) ; si enfin, avec la grande majorité des embryologistes
nous nous rangeons à l'opinion de Metschnikoff (5) qui
homologue les diverticules stomacaux des Cténophores et
ceux des Echinodermes, nous pouvons dresser un tableau
de classification, basée sur la différenciation des feuillets.
Le voici :

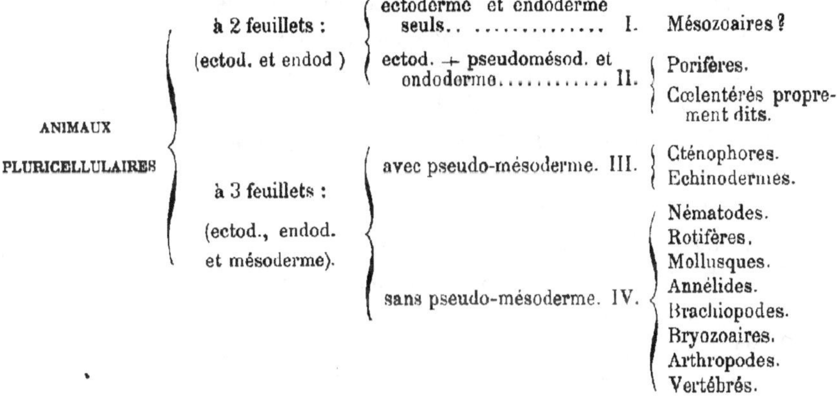

Où mettre les Turbellariés dans ce tableau ? Il est évident
qu'il faut les séparer en deux catégories. Ceux qui possèdent un' mésoderme primitif formé par quatre ou huit

---

(1) Documents pour l'histoire embryogénique des Alcyonaires, p. 40-41.

(2) Die Polycladen, p. 661-662.

(3) Ueber eine Brachiolaria der Kieler Hafens. (Arch. f. Naturg. 1863, p. 272-273).

(4) Documents pour l'histoire embryogénique des Alcyonaires, p. 38-39.

(5) Studien ueber die Entwicklung der Echinodermen und Nemertinen. (Mém.
Ac. impér. Sc. St-Pétersbourg. 8e série. T. XIV. No 8, 1869.

cellules doivent, à mon avis, être rapprochés du groupe IV, pour deux raisons. D'abord, ne possédant pas de pseudomésoderme, ils ne peuvent être classés à côté des animaux du groupe III chez lesquels d'ailleurs le mésoderme, quoique homologue, se forme par un procédé différent. Ensuite il n'y a pas de différence essentielle entre le mode de formation du mésoderme chez les Turbellariés qui en sont pourvus et celui qu'on connaît chez les *Pseudocœliens* du groupe IV. On pourra m'objecter que chez les Nématodes, par exemple, il n'y a que deux cellules initiales du mésoderme tandis qu'il en existe quatre chez les Polyclades. On peut, je crois, répondre à cela que cette différence est plus apparente que réelle, et tient sans doute simplement à ce fait, que la symétrie bilatérale se manifeste de très bonne heure chez les Nématodes, tandis qu'elle n'apparaît que tardivement, après la formation du mésoderme, chez les Polyclades tristratifiées. C'est vraisemblablement aussi par suite de la précocité de la symétrie bilatérale que les Nématodes ne possèdent que deux cellules endodermiques primitives.

Quant aux Turbellariés qui ne possèdent qu'un pseudomésoderme, il me paraît évident qu'ils doivent être rapprochés du groupe II, et plus particulièrement des Cœlenterés proprement dits chez lesquels le pseudomésoderme est d'origine ectodermique. En effet, l'histoire du développement des Triclades nous montre le système nerveux se formant aux dépens du pseudomésoderme. Ce fait, joint à ceux que jai exposés dans le cours de ce travail, tend évidemment, d'après ce que l'on sait sur l'origine du système nerveux dans toutes les divisions du règne animal, à établir la signification ectodermique du pseudomésoderme des Triclades.

Une conséquence de cette manière de voir, c'est que le reticulum conjonctif des Polyclades ne correspond pas morphologiquement à celui des Triclades ; et cette interprétation est vérifiée par des différences anatomiques et par les données

de l'embryologie sur l'origine du système nerveux, des orga-
nes des sens et des rhabdites qui se forment aux dépens de
l'ectoderme chez les Polyclades et aux dépens des éléments
cellulaires du reticulum chez les Triclades.

Les considérations qui précèdent ne sont pas en faveur
de l'opinion des auteurs qui rapprochent les Dendrocœles
des Cténophores.

Je vais examiner rapidement cette dernière manière de
voir.

Les arguments mis en avant pour la soutenir sont d'or-
dres différents.

La découverte récente de deux formes prétendues inter-
médiaires a surtout contribué à accréditer cette opinion ; ce
sont : *Cœloplana Metschnikowii* de Kowalevsky (1) et *Cteno-*
plana Kowalevskii de Korotneff (2).

Or on ne sait absolument rien sur l'embryogénie de ces
animaux, et l'étude de leur anatomie présente des lacunes
bien regrettables, on ne connaît même pas leurs organes de
reproduction ! on ne sait seulement pas si *Cœloplana* a une
extrémité céphalique constamment dirigée en avant dans
la reptation ! Aussi me paraît-il bien téméraire de faire
intervenir ces animaux dans la question qui nous occupe.
La prudence la plus élémentaire nous fait un devoir d'at-
tendre que nous ayons sur leur histoire des notions plus
précises.

Examinons maintenant les arguments tirés de l'anatomie
comparée. Lang (3) a traité avec de grands détails et avec le
plus grand soin la question des rapports des Polyclades et
des Cténophores. Dans la comparaison qu'il fait des divers
systèmes d'organes dans les deux groupes , il est amené à

---

(1) Kowalesvky. Ueber Cœloplana Metschnikowii. (Verhandlungen d. zool.
Section der VI. Versammlung russischer Naturforscher und Aerzte. (Zool. Anz.
III, n° 51, 1880).

(2) A. Korotneff. Ctenoplana Kowalevskii (Zeitschrift f.wiss. Zool.T. XLIII.
1886, p. 242-251, Pl. VIII).

(3) Die Polycladen. p. 645-668.

constater de grandes différences anatomiques qu'il explique par l'adaptation des Dendrocœles à la reptation. Il insiste surtout et avec raison sur la comparaison de l'axe principal des Cténophores avec celui des Turbellariés, et il arrive à cette conclusion que l'axe, qui passe, chez les premiers, par la bouche et l'organe sensoriel, correspond à l'axe qui, chez les seconds, joint la bouche au système nerveux central. Ce changement dans la direction de l'axe principal, conséquence ou point de départ de la symétrie radiaire en symétrie bilatérale, est confirmée par l'embryogénie des Polyclades et des Triclades, mais à mon sens, il ne constitue pas un argument sérieux en faveur des relations des Turbellariés avec les Cténophores, plutôt qu'avec les Cœlentérés proprement dits. Je ne m'attarderai pas à passer successivement en revue chaque espèce d'organe en particulier, il faut avoir recours à plus d'une subtilité pour établir un parallèle entre l'anatomie des Cténophores et celle des Dendrocœles. D'ailleurs c'est certainement l'étude du développement qui doit occuper la place d'honneur, quand il s'agit de discuter les relations d'un groupe avec ses voisins.

Selenka (1) le premier a établi un parallèle entre le développement des Cténophores et celui des Planariés. Lang (2) a aussi consacré un chapitre à cette comparaison. Tous deux constatent une grande difficulté pour ramener embryogéniquement le mésoderme des Polyclades à celui des Cténophores, mais néanmoins ils passent outre.

Selenka trouve une concordance de structure entre l'œuf des Planaires marines et celui des Cténophores: dans les deux groupes, l'œuf présente une couche corticale et une partie médullaire. Est-ce là un caractère important? Évidemment non ; les exemples d'une semblable structure sont nombreux dans bien des groupes, notamment chez les Anthozoaires.

---

(1) Selenka. Zur Entwickelungsgeschichte der Seeplanarien (Zoologische Studien II, 1881).

(2) Lang. Die Polycladen (p. 659-666).

Selenka et Lang insistent sur les phénomènes de la segmentation et sur le mode de formation de la gastrula dans les deux groupes. Des deux côtés, le stade huit est formé par quatre petits blastomères représentant l'ectoderme et quatre plus gros représentant l'endoderme; des deux côtés il y a épibolie ; des deux côtés l'emplacement du blastopore coïncide avec celui de la bouche définitive. Combien de types différents présentent les mêmes phénomènes ! Et d'un autre côté dans un même groupe, on peut observer des cas de formation de la gastrula par épibolie ou par invagination. Le mode de formation de la gastrula paraît être une conséquence de la structure de l'œuf et celle-ci est surtout en relation avec les conditions biologiques du développement. Cela est tellement vrai qu'une même espèce peut présenter, suivant les époques de l'année, des œufs de nature différente; c'est ce qu'on observe chez les animaux qui ont des œufs d'été et des œufs d'hiver. Ces caractéres ont évidemment une valeur morphologique moindre que le caractère tiré du mode de formation du mésoderme ; or, de l'aveu même des deux savants allemands, ce feuillet a une origine bien différente chez les Cténophores et chez les Polyclades.

Pour Selenka et Lang, la cavité pharyngienne des Turbellariés et l'estomac des Cténophores sont homologues; ils se forment par invagination ectodermique. Je n'ai aucune objection à faire à cette manière de voir que je partage; j'ajouterai seulement que ces organes peuvent, à mon avis, être également considérés comme homologues du tube œsophagien des Anthozoaires. Par conséquent, l'argument en question peut aussi bien être interprété en faveur d'une affinité des Polyclades avec les Cœlentérés proprement dits qu'en faveur d'une affinité avec les Cténophores.

Selenka considère le système nerveux central des Planaires marines, naissant de deux épaississements ectodermiques, comme correspondant aux sacs tentaculaires des

Cténophores. Cette interprétation n'est nullement admise par Lang, ni par Chun (1). Le premier croit que le système nerveux central des Polyclades correspond à l'épaississement ectodermique du pôle aboral des Cténophores.— Il est certain que la concentration des éléments nerveux en une masse cervicale est morphologiquement difficile à expliquer ; en se plaçant, au contraire, au point de vue physiologique, elle apparaît comme une conséquence forcée de la transformation de la symétrie radiaire primitive en symétrie bilatérale, et de la localisation plus grande des fonctions de l'organisme. Il y a là une question qui est posée, mais non résolue ; Lang, avec une entière bonne foi, commence son paragraphe sur la comparaison du système nerveux des Polyclades et des Cténophores par cette phrase : « Wir sind leider über das Nervensystem der Ctenophoren noch nicht ganz im Klaren. » (2)

Je viens de rappeler rapidement les principaux arguments de Selenka et de Lang. Ils ne me paraissent pas convaincants. Lang lui-même, qui défend avec énergie l'hypothèse des affinités des Polyclades avec les Cœlentérés à forme de Cténophore, convient que cette hypothèse est encore loin d'être sûrement fondée (3), et il indique lui-même les deux principales difficultés qui sont : 1° la différence d'origine du mésoderme dans les deux groupes ; 2° l'impossibilité de ramener les organes d'excrétion des Turbellariés à des organes correspondants des Cœlentérés.

Pas plus que Lang, je n'ai la prétention de résoudre ce problème insoluble, au moins dans l'état actuel de nos connaissances. L'embryologie semble toutefois démontrer que les affinités doivent plutôt être recherchées dans le groupe des Anthozoaires, ou d'une manière plus générale

---

(1) Chun. Die Verwandtschaftsbeziehungen zwischen Würmern und Cœlenteraten. (Biol. Centralblatt. T. II, 1882).

(2) Loc. cit., page 656).

(3) Loc. cit., page 665.

dans le groupe des Cœlentérés proprement dits, plutôt que dans le groupe des Cténophores qui, sous plus d'un rapport s'éloigne des autres Cœlentérés.

C'est la conclusion qu'on peut tirer des réflexions qui précèdent.

Il n'est pas impossible d'ailleurs que les Polyclades et les Triclades, qui présentent d'importantes différences, et dans leur organisation et dans l'histoire de leur développement, aient aussi des attaches avec des divisions différentes des Cœlentérés proprement dits. Cette question ne peut pas être sérieusement discutée pour le moment.

J'ajouterai encore que la formation des cloisons qui donnent à l'intestin sa forme dendrocœlique n'est pas sans analogie avec le mode de formation des cloisons des Coralliaires.

Jusqu'ici je n'ai pas parlé des Rhabdocœles. Je me garderai bien de me lancer dans une discussion bysantine à propos de leur place dans la classification. Lang veut qu'ils descendent des Triclades ; Graff et Braun soutiennent, au contraire, qu'ils ont donné naissance à ceux-ci. On est bien obligé de reconnaitre que les arguments de part et d'autre sont spécieux. Je rappellerai seulement, parce qu'on ne paraît pas y avoir fait assez attention dans la discussion, que l'intestin de tous les Dendrocœles est primitivement simple, ce qui semble donner raison à Graff et à Braun. D'ailleurs, je ne me bats pas pour cette opinion.

Depuis quelques années, je fais, quand je trouve des matériaux d'étude, des recherches sur l'embryogénie des Rhabdocœles. Mes travaux sur cette question sont encore bien incomplets ; toutefois je crois que dans ce groupe, de même que dans celui des Dendrocœles, il y a des types qui ne possèdent que deux feuillets et un faux mésoderme, et d'autres qui sont tristratifiés comme la plupart des Polyclades. D'un autre côté, je crois plus que jamais (1), et

---

(1) Voir mes « Contributions à l'histoire naturelle des Turbellariés ».

contrairement à l'opinion de Graff (1), que les Microstomes sont des types qui doivènt être considérés comme primitifs. On devra, je crois, les rapprocher un jour de la forme Hydra, ou mieux encore de la forme Protohydra. Ils présentent, en effet, avec cette dernière, plusieurs caractères communs : ainsi, des deux côtés, on constate une multiplication par fissiparité pendant la saison chaude ; et il est bien remarquable que les organes urticants ont une forme identique dans les deux types.

Si ces vues se confirment, les Rhabdocœles devront être considérés comme se rattachant aux Hydroïdes, tandis que le groupe des Dendrocœles se rattacherait aux Coralliaires. Ces deux divisions des Turbellariés nous présenteraient un développement en quelque sorte parallèle et nous feraient assister à l'apparition d'une différenciation morphologique des plus importantes : l'apparition d'un feuillet moyen défini.

D'un autre côté, les Rhabdocœles se rattachent manifestement aux Nématodes et aux Rotifères dont l'embryon (2) ressemble à s'y méprendre à celui des Nématodes, et les Dendrocœles se rattachent aux Hirudinés. En résumé, je crois que plus les études anatomiques et embryologiques feront des progrès, plus on sera tenté d'attacher de l'importance aux deux grandes divisions des Cœlentérés et des Turbellariés au point de vue des affinités qu'elles présentent avec les autres groupes, et plus aussi on s'apercevra que la représentation graphique de ces affinités est moins une riche ramification dichotomique qu'un faisceau de rameaux divergents dès la base et relativement peu bifurqués , représentation graphique qui est d'ailleurs plus en harmonie avec les données de la paléontologie.

---

(1) GRAFF. Monographie der Turbellarien. Rhabdocœlida.

(2) G. TESSIN. Ueber Eibildung und Entwicklung der Rotatorien. (Zeitsch. f. wiss. Zool. T. XLIV, 1886, Pl. XX, fig. 37).

EXPLICATION DES PLANCHES.

LETTRES COMMUNES A TOUTES LES FIGURES.

C   — Cloaque génital.
Cm   — Cellules migratrices.
En   — Endoderme provisoire.
Ex   — Ectoderme.
G   — Gaine du pharynx définitif.
I   — Appareil digestif.
M   — Masse de cellules vitellines.
O   — Orifice ☿ ♀
Ov   — Ovaire.
P   — Pénis.
Ph   — Ébauche du pharynx définitif.
Ph. i — Les deux grosses cellules inférieures de la couche interne du pharynx provisoire.
R   — Reticulum conjonctif.
S   — Masse nutritive ou syncytium.
Sp   — Spermatozoïdes.
Te   — Téguments.
U   — Utérus.
b   — Bâtonnets ou Rhabdites.
c   — Ligne réfringente des cellules anastomosées du pharynx provisoire.
c d   — Canal déférent.
c u   — Canal de l'utérus.
d   — Cellules vitellines.
en   — Endoderme définitif.
ep   — Epithelium du canal utérin.
ep U   — Cellules de la paroi de l'Utérus.
f c   — Couche de fibres circulaires et longitudinales du canal utérin.
fr   — Couche de fibres radiaires du canal utérin.
gl   — Cellules glandulaires.
mg   — Épaississement correspondant au point où se formera le cloaque génital.
n   — Noyaux des cellules vitellines.
œ   — Œufs.

ord — Oviductes.

p d — Cellules de la paroi dorsale de l'utérus.

ph. e — Couche externe du pharynx provisoire.

ph. i — Couche interne du pharynx provisoire.

ph. m — Couche moyenne du pharynx provisoire.

p p — Cellules de la paroi postérieure de l'utérus.

p s — Cellules de la paroi antérieure de l'utérus.

sph — Sphincter du canal utérin de *Pl. polychroa.*

st — Stroma de l'ovaire et du vitellogène.

v — Vacuoles.

Nota. — Toutes les figures sont dessinées à la chambre claire.

PLANCHE I.

Fig. 1. — *Planaria polychroa.* Coupe sagittale. Portion antérieure du canal utérin s'ouvrant dans l'utérus. (3 + 7 Prazm.).

Fig. 2. — *Pl. polychroa.* Coupe transversale du canal utérin. (3 + 7 Prazm.).

Fig. 3. — *Pl. polychroa.* Coupe sagittale médiane. (3 + 4 Prazm.).

Fig. 4. — *Dendr. lacteum.* Coupe sagittale des parois de l'utérus. (3 + 4 Prazm.).

Fig. 5. — *Dendr. lacteum.* Coupe sagittale du canal utérin et de la paroi postérieure de l'utérus. (3 + 4 Prazm.).

Fig. 6. — *Dendr. lacteum.* Coupe sagittale. Cellules de la paroi dorsale de l'utérus. (3 + 7 Prazm.).

Fig. 7. — *Dendr. lacteum.* Coupe sagittale. Cellules de la paroi dorsale de l'utérus. (3 + 7 Prazm.).

Fig. 8. — *Dendr. lacteum.* Une cellule de la paroi utérine en voie de développement. *R*, reticulum conjonctif condensé. *chr*, chromatine. *zc*, zône claire non colorée. *pr*, protoplasme coloré par le carmin. (3 + 7 Prazm.).

Fig. 9. — *Dendr. lacteum.* Cellules de la paroi ventrale de l'utérus avec corpucules réfringents. (3 + 7 Prazm.).

Fig. 10. — *Dendr. lacteum.* Coupe sagittale. *P*, partie supérieure du pénis. *fa*, fibres anastomosées de l'organe énigmatique. *fc'*, sa couche de fibres circulaires. *ep'*, son épithélium. (3 + 1 Prazm.).

Fig. 11. — *Pl. polychroa.* Coupe sagittale. Portion d'ovaire. *n'*, grains de chromatine libres. (3 + 7 Prazm.).

Fig. 12. — *Pl. polychroa.* Coupe sagittale. Ovaire et oviducte. (3 + 4 Prazm.)

Fig. 13. — *Pl polychroa.* Coupe sagittale. Ovaire. (3 + 4 Prezm.).

Fig. 14. — *Pl. polychroa.* Coupe sagittale. Portion d'Ovaire. (3 + 7 Prazm.).

Fig. 15, 17 et 18. — *Pl. polychroa.* Œufs ovariens. (3 + 7 Prazm.).

Fig. 16. — *Pl. polychroa.* Cellule du stroma conjonctif. (3 + 7 Prazm.).

Fig. 19. — *Dendr. lacteum.* Coupe sagittale. Cellules vitellines dans le vitellogène. (3 + 7 Prazm.).

Fig. 20. — *Dendr. acteum*. Une cellule vitelline de la même coupe (3 + 10 imm. Prazm.).

PLANCHE II.

Dendrocœlum lacteum.

Fig. 1. — Cellule vitelline d'un coupe à travers un cocon au cinquième jour après la ponte. Les aréoles sont vides, leur contenu ayant été dissous pendant les traitements par l'alcool, l'essence de térébenthine et la paraffine. (3 + 10 imm. Prazm.).

Fig. 2. — Œuf environ dix heures après la ponte. Préparation à l'acide acétique à 2/100 et au picro-carmin. (3 + 10 imm. Prazm.).

Fig. 3. — Œuf du même cocon que le précédent. Préparation à l'acide acétique à 2/100 et à la liqueur de Beale. (3 + 10 imm. Prazm.).

Fig. 4. — Œuf environ dix heures après la ponte. Préparation à l'acide acétique à 2/100 est à la liqueur de Beale. (3 + 10 imm. Prazm.).

Fig. 5. — Cellule vitelline d'un cocon, environ trente heures après la ponte. Préparation au carmin-osmiqué. (3 + 7 Prazm.).

Fig. 6. — Partie de la même cellule vitelline plus fortement grossie. On voit au milieu de chaque aréole, un globule coloré en brun-rouge. (3 + 1/18 hom. imm. Zeiss.).

Fig. 7. — Blastomère provenant d'un stade 39. Troisième jour après la ponte. Préparation à l'acide acétique à 2/100, à l'alcool absolu et à la liqueur de Beale. (3 + 10 imm. Prazm.).

Fig. 8. — Autre blastomère provenant du même stade que le précédent. (3 + 10 imm. Prazm.).

Fig. 9. — Blastomère déchiré, montrant la couche externe moins colorée. Quatre jours après la ponte. (3 + 7 Prazm.).

Fig. 10 à 12. — Trois cellules ectodermiques d'un embryon de quatre jours. (3 + 7 Prazm.).

Ftg. 13. — Un œuf entouré de quelques cellules vitellines. Seize heures après la ponte. (3 + 7 Prazm.).

Fig. 14. — Un stade 2. Vingt-quatre heures après la ponte. Préparation éclatée. (3 + 7 Prazm.).

Fig. 15. — Un stade 4. Deuxième jour après la ponte. (3 + 7 Prazm.).

Fig. 16. — Un stade 4. Trente heures après la ponte. Préparation au carmin osmiqué. (3 + 7 Prazm.).

Fig. 17. — Un stade 11. Deuxième jour après la ponte. Les blastomères sont en place. Préparation à l'acide acétique à 2/100 et à la liqueur de Beale. (3 + 7 Prazm.).

Fig. 18. — Le même stade après écrasement. (3 + 7 Prazm.).

Fig. 19. — Un stade 16. Cinquante-et-une heures après la ponte. Préparation à l'acide acétique à 2/100 et au picro-carmin, légèrement comprimée par le couvre-objet. (3 + 7 Prazm.).

Planche III.

Les figures 1 à 4 se rapportent à *Planaria polychroa*; toutes les autres se rapportent à *Dendrocœlum lacteum*.

Fig. 1. — Coupe sagittale. Utérus et canal utérin. (3 + 2 imm. Prazm.).

Fig. 2. — Cellule vitelline de la coupe précédente. (3 + 10 imm. Prazm.).

Fig. 3 et 4. — Œufs de la même coupe. (3 + 10 imm. Prazm.).

Fig. 5. — Blastomère provenant d'un stade 2. Préparation à l'acide acétique à 2/100. (3 + 10 imm. Prazm.).

Fig. 6. — Le même après traitement par la liqueur carminée de Beale. (3 + 10 imm. Prazm.).

Fig. 7. — Le second blastomère provenant du même stade 2, après traitemen par la liqueur de Beale. (3 + 10 imm. Prazm.).

Fig. 8. — Blastomère provenant d'un embryon au troisième jour après la ponte. (3 + 10 imm. Prazm.).

Fig. 9. — Blastomère d'un embryon au troisième jour après la ponte, vu obliquement. (3 + 10 imm. Prazm.).

Fig. 10. — Blastomère d'un embryon au troisième jour après la ponte. (3 + 10 imm. Prazm.).

Fig. 11. — Blastomère d'un stade 12. Deuxième jour après la ponte. (3 + 10 imm. Prazm.).

Fig. 12. — Blastomère d'un embryon au troisième jour après la ponte (3 + 10 imm. Prazm.).

Fig. 13. — Blastomère d'un embryon au troisième jour après la ponte. (3 + 10 imm. Prazm.).

Fig. 14. — Blastomère d'un embryon au deuxième jour après la ponte. (3 + 10 imm. Prazm.).

Fig. 15. — Blastomère d'un stade 12. Deuxième jour après la ponte, vu obliquement. (3 + 10 imm. Prazm.).

Fig. 16. — Blastomère d'un stade 12. Deuxième jour après la ponte. (3 + 10 imm. Prazm.).

Fig. 17. — Blastomère d'un embryon au troisième jour après la ponte. (3 + 10 imm. Prazm.).

Fig. 18. — Le même blastomère qu'à la figure 9, mais redressé. (3 + 10 imm. Prazm.).

Fig. 19. — Blastomère d'un stade 12. (3 + 10 imm. Prazm.).

Fig. 20. — Blastomère d'un embryon au troisième jour après la ponte. (3 + 10 imm. Prazm.).

Fig. 21 — Blastomère d'un stade 12. Deuxième jour après la ponte. (3 + 10 imm. Prazm.).

Fig. 22. — Blastomère d'un stade 12. (3 + 10 imm. Prazm.).

Fig. 23. — Blastomère d'un stade 12. (3 + 10 imm. Prazm.).

Fig. 24 à 29. — Six blastomères à l'état de repos provenant pour la plupart d'un stade 39. Troisième jour après la ponte. (3 + 10 imm. Prazm.).

Fig. 30. — Blastomères à la fin de la division. Provenant d'un stade 12. (3 + 10 imm. Prazm

Fig. 31. — Blastomère à l'état de repos. (3 + 10 imm. Prazm.).

Fig. 32. — Œuf anomal avec toutes les cellules vitellines qui l'accompagnent au nombre de 26. Troisième jour après la ponte. Tous les autres œufs du même cocon sont à des stades plus avancés (de 20 à 30 blastomères). Préparation éclatée, traitée par l'acide acétique à 2/100 et par la liqueur de Beale. (3 + 7 Prazm.).

Fig. 33. — Œuf avec ses deux pronucleus. Quatre cellules vitellines seulement ont été dessinées. Préparation à l'acide acétique à 2/100. (3 + 7 Prazm.).

Fig. 34. — Un stade 8. Deuxième jour après la ponte. Préparation à l'acide acétique a 2/100. (3 + 7 Prazm.).

Fig. 35. — Les huit blastomères de la préparation précédente isolés et traités par la liqueur de Beale. (3 + 7 Prazm.).

Planche IV.

Dendrocœlum lacteum.

Fig. 1. — Amas de cellules vitellines radiairement disposées autour d'un embryon au stade 39. Troisième jour après la ponte. Préparation à l'acide acétique à 2/100. (3 + 4 Prazm.).

Fig. 2. — Coupe d'un embryon au stade 30. Troisième jour après la ponte. On voit dans la masse nutritive un noyau de cellule vitelline et huit blastomères dont un en segmentation. Les cellules vitellines environnantes ne sont pas représentées. (3 + 7 Prazm.).

Fig 3. — Coupe d'un embryon au stade 34. Quatrième jour après la ponte. Cette coupe montre les cellules vitellines en voie de désagrégation faisant corps avec la masse nutritive syncytiale, à l'intérieur de laquelle on compte sept noyaux de cellules vitellines et treize blastomères. (3 + 7 Prazm.).

Fig. 4 à 6. — Trois coupes transversales d'un même embryon. Quatrième jour après la ponte. (3 + 4 Prazm.).

Fig. 4. — Coupe passant par l'ébauche du pharynx embryonnaire. On voit, en outre, 14 noyaux de cellules vitellines.

Fig. 5. — Coupe en arrière de la précédente, passant par les quatre cellules endodermiques primitives. On voit, en outre, 2 cellules migratrices et 9 noyaux de cellules vitellines.

Fig. 6. — Coupe en arrière de la précédente, montrant 6 cellules migratrices, 2 cellules ectodermiques et 15 noyaux de cellules nutritives.

Fig. 7 et 8. — Les deux cellules ectodermiques de la coupe précédente. L'aplatissement est à peine commencé dans la figure 7, il est plus avancé dans la figure 8. (3 + 7 Prazm.).

Fig. 9. — Coupe dans la région pharyngienne d'un embryon au cinquième jour après la ponte (3 + 7 Prazm.).

Fig. 10. — Coupe longitudinale dans la région pharyngienne d'un embryon au septième jour après la ponte. (3 + 7 Prazm.).

Fig. 11. — Une cellule musculaire de la couche externe du pharynx embryonnaire de la coupe précédente. Elle montre que les prolongements qui semblent s'enfoncer dans la masse nutritive ne sont que des apparences dues à ce que la partie membraniforme de la cellule est coupée obliquement. (3 + 10 imm. Prazm.).

Fig. 12. — Première phase de la transformation d'un blastomère en cellule musculaire du pharynx embryonnaire. Quatrième jour après la ponte. Préparation à la liqueur de Beale. (3 + 10 imm. Prazm.).

Fig. 13. — Transformation plus avancée d'un blastomère en cellule musculaire du pharynx embryonnaire. Quatrième jour après la ponte. Même préparation que la précédente. (3 + 10 imm. Prazm.).

Fig. 14. — Portion d'une coupe transversale d'un pharynx embryonnaire en formation. Troisième jour après la ponte. (3 + 10 imm. Prazm.).

Fig. 15. — Portion d'une coupe oblique d'un pharynx embryonnaire en formation. Cinquième jour après la ponte. (3 + 10 imm. Prazm.).

Fig. 16. — Embryon de quatre jours, avec son pharynx embryonnaire. L'ectoderme est légèrement soulevé. Préparation à l'acide acétique à 2/100 et à la liqueur de Beale. (3 + 2 Prazm.).

Fig. 17. — Projection sur un même plan longitudinal de toutes les cellules migratrices d'un embryon au quatrième jour après la ponte. On compte, outre les cellules du pharynx et les cellules ectodermiques primitives, 4 cellules endodermiques primitives et 50 cellules migratrices. Les 309 noyaux de cellules vitellines ne sont pas indiqués. (3 + 4 Prazm.).

Fig. 18. — Portion d'une coupe longitudinale d'un embryon, au quatrième jour après la ponte. (3 + 7 Prazm.).

Fig. 19. — Portion d'une coupe longitudinale d'un embryon, un peu plus avancé que le précédent. Quatrième jour après la ponte. (3 + 7 Prazm.).

Fig. 20 et 21. — Cellules endodermiques d'un embryon de quatre jours dont le pharynx a fonctionné. Une coupe de cet embryon est représentée Pl. V, fig. 4. 3 + 7 Prazm.)

PLANCHE V.

Dendrocœlum lacteum.

Fig. 1. — Les quatre cellules endodermiques primitives. Quatrième jour après la ponte. Préparation à l'acide acétique à 2/100 et à la liqueur de Beale. 3 + 10 imm. Prazm.).

Fig. 2. — Quelques cellules de la première ébauche du pharynx embryonnaire. Troisième jour après la ponte. Préparation à l'acide acétique à 2/100 et à la liqueur de Beale. (3 + 10 imm. Prazm.).

Fig. 3. — Portion d'une coupe longitudinale d'un embryon au huitième jour après la ponte. Le pharynx embryonnaire est un peu plus développé que celui la Planche IV, figure 19. (3 + 7 Prazm.).

Fig. 4. — Coupe longitudinale d'un embryon au quatrième jour après la ponte. (3 + 2 Prazm.).

Fig. 5. — Coupe longitudinale d'un pharynx embryonnaire complètement développé et ayant fonctionné. Huitième jour après la ponte. (3 + 7 Prazm.).

Fig. 6. — Coupe transversale d'un pharynx embryonnaire complètement développé et ayant fonctionné. Huitième jour après la ponte. (3 + 7 Prazm.).

Fig. 7. — Portion de coupe d'un embryon au même stade que ceux des figures 5 et 6. Huitième jour après la ponte. (3 + 7 Prazm.).

Fih. 8. — Coupe transversale d'un embryon au vingt-et-unième jour après la ponte. Formation des cloisons de l'intestin. (3 + 7 Prazm.).

Fig. 9. — Coupe transversale d'un embryon au vingt-et-unième jour après la ponte. Formation des branches intestinales. (3 + 10 imm. Prazm.).

Fig. 10. — Coupe longitudinale d'un embryon au même stade que celui de la figure 15. (3 + 10 imm. Prazm.).

Fig. 11. — Coupe longitudinale d'un embryon au même stade que le précédent et montrant la pénétration d'une cellule migratrice dans l'ectoderme (*Ex*). (3 + 10 imm. Prazm.).

Fig. 12. — Portion latérale d'une coupe transversale d'un embryon mobile à l'intérieur du cocon. (3 + 10 imm. Prazm.).

Fig. 13. — Portion d'une coupe sagittale d'un embryon au vingt-et-unième jour après la ponte. (3 + 4 Prazm.).

Fig. 14. — Première apparition du pharynx définitif. Portion d'une coupe sagittale d'un embryon au vingt-et-unième jour après la ponte. (3 + 4 Prazm.).

Fig. 15. — État plus avancé du pharynx définitif. Portion d'une coupe sagittale. (3 + 4 Prazm.).

Fig. 16. — Cellules intestinales d'un embryon éclos depuis plusieurs jours. (3 + 7 Prazm.).

Fig. 17. — Partie céphalique d'une coupe sagittale du même embryon que celui de la figure 15. La face ventrale est à droite et la face dorsale à gauche. (3 + 4 Prazm.).

Fig. 18. — Coupe transversale passant par l'œil et par le cerveau. Plusieurs jours après l'éclosion. (3 + 7 Prazm.).

Fig. 19. — Coupe transversale d'un tronc nerveux longitudinal un peu au-dessus du pharynx. (3 + 7 Prazm.).

Fig. 20. — Partie postérieure d'une *Planaria polychroa* au moment de la ponte.

LILLE, IMPRIMERIE L. DANEL.